Hartmut Laufer

30 Minute.

Besprechungen

Bürgerstr. 20 Loft 2
40219 Düsseldorf
Tel: +49 211 913 649 45
Mail: training@rheinGedanke.de

Bibliografische Information der Deutschen Bibliothek

Die Deutsche Bibliothek verzeichnet diese Publikation in der Deutschen Nationalbibliografie; detaillierte bibliografische Daten sind im Internet über http://dnb.ddb.de abrufbar.

Umschlag und Layout: die Imprimatur, Hainburg;
Martin Zech, Bremen
Lektorat: Dr. Sandra Krebs, GABAL Verlag GmbH
Satz: Zerosoft, Timisoara, Rumänien
Druck und Verarbeitung: Salzland Druck, Staßfurt

Hinweis:
Das Buch ist sorgfältig erarbeitet worden. Dennoch erfolgen alle Angaben ohne Gewähr. Weder Autor noch Verlag können für eventuelle Nachteile oder Schäden, die aus den im Buch gemachten Hinweisen resultieren, eine Haftung übernehmen.

Printed in Germany

978-3-86936-265-6

In 30 Minuten wissen Sie mehr!

Dieses Buch ist so konzipiert, dass Sie in kurzer Zeit prägnante und fundierte Informationen aufnehmen können. Mithilfe eines Leitsystems werden Sie durch das Buch geführt. Es erlaubt Ihnen, innerhalb Ihres persönlichen Zeitkontingents (von 10 bis 30 Minuten) das Wesentliche zu erfassen.

Kurze Lesezeit
In 30 Minuten können Sie das ganze Buch lesen. Wenn Sie weniger Zeit haben, lesen Sie gezielt nur die Stellen, die für Sie wichtige Informationen beinhalten.

- Alle wichtigen Informationen sind blau gedruckt.

- Schlüsselfragen mit Seitenverweisen zu Beginn eines jeden Kapitels erlauben eine schnelle Orientierung: Sie blättern direkt auf die Seite, die Ihre Wissenslücke schließt.

- *Zahlreiche Zusammenfassungen innerhalb der Kapitel erlauben das schnelle Querlesen.*

- Ein Fast Reader am Ende des Buches fasst alle wichtigen Aspekte zusammen.

- Ein Register erleichtert das Nachschlagen.

Inhalt

Vorwort

Besprechungen sind unverzichtbare Instrumente für den Informations- und Meinungsaustausch in Organisationen und gehören daher zum Arbeitsalltag. Sie kosten jedoch oft viel Zeit und damit auch Geld. Manche Führungskräfte verbringen bis zu 60 Prozent ihrer Arbeitszeit in derartigen Zusammenkünften.

Während in allen Unternehmensbereichen die Arbeitsprozesse immer rationeller gestaltet werden, hat sich an den Abläufen von Besprechungen seit Jahrzehnten nichts Nennenswertes geändert. Immer noch wird einhellig beklagt, dass Besprechungen zu lange dauern, unstrukturiert und unergiebig verlaufen und, statt zur Verständigung beizutragen, oft nichts als Enttäuschung oder gar Verärgerung hinterlassen.

Dabei reichen meist schon eine professionelle Vorbereitung und einige handwerkliche Techniken der Gesprächsleitung, um die Qualität einer Besprechung maßgeblich zu steigern.

Werden Besprechungen zielbewusst und teilnehmerorientiert geführt, müssen sie nicht als lästige Arbeitsunterbrechungen oder gar ärgerliche Erlebnisse empfunden werden, sondern sie können als willkommener Anlass erlebt werden, den Kontakt mit anderen zu pflegen und seine Meinungen, Wünsche oder Sorgen zu äußern.

Im vorliegenden Buch stelle ich Ihnen hierzu eine Reihe bewährter Methoden und Instrumente des Besprechungsmanagements vor und biete Ihnen nützliche Tipps sowie Arbeitshilfen.

Viele erfolgreiche Besprechungen wünscht Ihnen

Hartmut Laufer

30 MINUTEN

1. Die Effizienz von Besprechungen

Besprechungen tragen maßgeblich zum Zeitmangel von Führungskräften bei. Beobachtungen haben ergeben, dass manche Führungskräfte mehr als die Hälfte ihrer Arbeitszeit in Besprechungen zubringen und somit oft zu wenig Zeit für ihre eigentlichen Führungsaufgaben haben.

Verschärfend kommt hinzu, dass die Besprechungszeit oft nicht hinreichend effizient genutzt wird. Bei einer Befragung von Managern erklärte die Hälfte von ihnen, dass sie oft konkrete Zielsetzungen und Ergebnisse vermissen. Und drei Viertel bemängelten das schlechte Verhältnis von Zeitaufwand und Nutzen sowie die unprofessionelle Organisation und Gesprächsleitung.

1.1 Kosten und Nutzen von Besprechungen

Betriebswirtschaftlich betrachtet, stellen Besprechungen für die Unternehmen einen nicht unerheblichen Kostenfaktor dar. Um ein Beispiel zu geben: Eine dreistündige Besprechung mit zehn Teilnehmern der gehobenen Führungsebene kostet ein Unternehmen etwa 3.600 Euro. Darin enthalten sind die Gehaltskosten und die Kosten für den Ausfall von Regelleistungen der Teilnehmer sowie die Aufwendungen für die Besprechungsorganisation. Ließe sich die Dauer dieser Besprechung auch nur um eine halbe Stunde verkürzen, brächte das dem Unternehmen eine Kostenersparnis von 600 Euro.

Zeitverschwendung durch Organisationsmängel

Unverständlicherweise wird den Chancen der Kosteneinsparung beim Besprechungsmanagement vielerorts wenig Beachtung geschenkt. Bedenkt man, dass in einem größeren Unternehmen nahezu ständig Besprechungen stattfinden, kann man sich vorstellen, zu welchen jährlichen Summen sich die Besprechungskosten addieren können.

Bei näherer Betrachtung zeigt sich, dass im Zeitaufwand für Besprechungen häufig ein beachtliches

Rationalisierungspotenzial verborgen ist. Die halbe Stunde aus unserem Beispiel ließe sich oft schon dadurch gewinnen, dass simple, aber zeitraubende organisatorische Mängel vermieden werden, es beispielsweise nicht dazu kommt, dass ...

- fehlende Stühle herbeigeschafft werden müssen,
- der Beamer nicht richtig angeschlossen wurde,
- das Flipchart-Papier nicht ausreicht,
- Verspätungen den Beginn verzögern,
- Besprechungspausen überzogen werden etc.

Funktionsfähigkeit von Gruppen

Es ist relativ einfach, die Kosten einer Besprechung zu berechnen. Ungleich schwerer fällt es, ihren Nutzen zu bewerten, geschweige ihn in Geld auszudrücken. Dennoch wird niemand ernsthaft bezweifeln, dass es für das Funktionieren von Gruppen unverzichtbar ist, sich untereinander auszutauschen. Damit das Zusammenleben und -arbeiten reibungslos und zielgerichtet ablaufen kann, müssen die Gruppenmitglieder miteinander reden, um ...

- ihre Ansichten und Gedanken auszutauschen,
- ihre Gefühle und Wünsche zu äußern,
- Fragen oder Missverständnisse zu klären,
- Konflikte zu lösen,
- zu einem beschlussfähigen Konsens zu finden,
- ihre Einzelaktivitäten zu koordinieren.

Gestiegener Kommunikationsbedarf

Im Privatleben erfolgt der Meinungs- und Informationsaustausch in der Regel im Rahmen spontaner, informeller Gespräche, und unsere auf natürliche Weise erworbenen Kommunikationsfähigkeiten reichen dafür aus. Anders in der Öffentlichkeit und im Berufsleben: Hier sind die Bedingungen des menschlichen Miteinanders vielgestaltiger und komplizierter, und es bedarf daher besonders zielorientierter, formeller Abstimmungsprozesse. Beispielsweise erfordern die heute sehr komplexen industriellen Produktionsprozesse umfangreiche Material- und Verfahrenskenntnisse. Gefragt ist ein Wissensumfang, den niemand mehr allein beherrscht, sodass jeder am Arbeitsprozess Beteiligte auf einen ständigen Informationsaustausch mit anderen angewiesen ist. Das gilt für die Führenden und Ausführenden gleichermaßen. Hinzu kommen die heutigen Unternehmensgrößen sowie die arbeitsteiligen Ablauforganisationen, die eine ständige Koordination und Kommunikation der verschiedenen Arbeitsbereiche unverzichtbar machen.

Notwendige Mitarbeiterbeteiligung

Auch das geänderte Selbstverständnis der Beschäftigten erfordert mehr Gespräche als in früheren Zeiten. Mitarbeiter wollen heutzutage in einem höheren

Maß mitgestalten und mitentscheiden, wollen als mündige Partner behandelt werden. Damit sie sich mit ihrer Arbeit identifizieren können, müssen ihre Bedürfnisse nach Wertschätzung und Sicherheit berücksichtigt werden. Wertschätzung drückt sich unter anderem dadurch aus, dass man sie nach ihrer Meinung fragt und sie umfassend informiert. Ständiges Zurückhalten von Informationen hingegen frustriert die Mitarbeiter und lässt sie unselbstständig bleiben (oder werden). Es schafft Verunsicherungen, aus denen sich Abwehrhaltungen entwickeln.

Dabei geht es durchaus nicht einseitig um die Mitarbeiterinteressen. Aufgrund der zuvor geschilderten komplexeren Arbeitsprozesse kommen Führungskräfte heute nicht mehr ohne die Erfahrungen ihrer Spezialisten sowie das aktuellere Fachwissen ihrer Nachwuchskräfte aus. Sie brauchen das Engagement und die Ideen ihrer Mitarbeiter. Die Konsequenz: Man muss häufiger miteinander reden.

Vorzüge mündlicher Kommunikation

Für einen reinen Informationsaustausch gibt es weniger zeit- und kostenaufwendige Möglichkeiten, als sich zu einer Besprechung zusammenzusetzen: Man kann sich beispielsweise gegenseitig Briefe, Aktennotizen, Fax-Mitteilungen oder E-Mails zusenden. Jedoch haben die schriftlichen Informationsmedien alle einen entscheidenden Nachteil: Sie ermöglichen zunächst lediglich Ein-Weg-Kommunikation, das heißt, der Absender erfährt keine sofortige Reaktion des Empfängers. Selbst wenn dieser ihm unverzüglich antwortet, ist dies niemals seine spontane, von momentanen Ideen und Gefühlen bestimmte Antwort. Sie wird stets vernunftgemäß relativiert ausfallen oder von taktischen Überlegungen geprägt sein. Hinzu kommt, dass schriftliche Informationen beim Empfänger nur einen einzigen Wahrnehmungskanal ansprechen, nämlich seine Sehorgane. Somit ist Schriftkommunikation überdies nur „Ein-Kanal-Kommunikation".

Das direkte Gespräch hingegen ist sowohl „Zwei-Weg-" als auch „Zwei-Kanal-Kommunikation": Neben den akustischen Informationen tauschen die Gesprächspartner nonverbale Botschaften aus, die sie mittels ihrer Sehorgane wahrnehmen. Das geschieht durch Mimik, Gestik und Körperhaltung.

Emotionale Botschaften sind wichtig!

Sowohl die sichtbaren Körpersignale als auch Stimme und Sprechweise verraten etwas über die Gefühlslage eines Gesprächsteilnehmers. So kann auch eine unausgesprochen zustimmende oder skeptische bzw. ablehnende Haltung erkennbar werden und der andere unmittelbar darauf eingehen. In vielen Fällen ist eine Verständigung ohne Berücksichtigung der

Gefühlsebene undenkbar und ein unmittelbarer mündlicher Gedankenaustausch daher unerlässlich. Wenn es beispielsweise darum geht,

- gemeinsam komplexe Sachprobleme zu lösen,
- sich gegenseitig zu neuen Ideen anzuregen,
- schwierige Maßnahmen zu ergreifen,
- Missverständnisse oder Konflikte zu beseitigen,
- soziale Kontakte herzustellen bzw. sie zu pflegen oder
- ein Vertrauensverhältnis aufzubauen.

Ist eine Besprechung notwendig?

Ehe man eine Besprechung einberuft, sollte man sich folgende Fragen stellen:

- Steht der Besprechungsaufwand in einem angemessenen Verhältnis zum erzielbaren Nutzen?
- Ließe sich die Angelegenheit durch einen einfachen Schriftwechsel ebenso gut regeln?
- Müssen offene Fragen in der Gruppe besprochen werden oder ließen sie sich auch durch einzelne Anfragen klären?
- Können die Einzuladenden zum Gesprächsthema tatsächlich Nennenswertes beitragen?
- Haben alle einen Nutzen von der Besprechung?
- Müssen die zu fassenden Beschlüsse von mehreren Personen verantwortet werden?
- Erfordern es die Akzeptanz und spätere Umset-

zung der Ergebnisse, dass alle Betroffenen dem Zustandekommen der Beschlüsse beiwohnen?

- Geht es um einen kreativen Prozess, der durch die Mitwirkung mehrerer Personen ergiebiger verlaufen würde?
- Handelt es sich um eine brisante Angelegenheit, die sich in Einzelgesprächen diskreter und konfliktfreier behandeln ließe?
- Steht genügend Zeit zur Verfügung?
- Lässt sich ein für alle passender Termin finden?

Erst wenn diese Fragen geklärt sind, lässt es sich zutreffend beurteilen, ob eine Besprechung nötig ist. Bei der Nutzenabwägung sollten nicht nur die Sachaspekte einer Besprechung bedacht werden, sondern auch die möglichen Nutzeneffekte für die Befindlichkeit der Teilnehmer und das Gemeinschaftsbewusstsein der Gruppe. Manchmal können gerade die psychologischen Effekte den Besprechungsaufwand rechtfertigen, sodass er sich auf Dauer für den Arbeitserfolg auszahlen wird.

Für optimale Effizienz sorgen

Hat man sich für eine Besprechung entschieden, sollte man alles dafür tun, damit …

- sie nicht mehr Zeit als nötig in Anspruch nimmt,
- die Besprechungszeit effizient genutzt wird und

- es zu optimalen Ergebnissen im Sinne der Zielsetzung kommt.

Letztlich entscheidet die Ergebnisqualität darüber, ob der Aufwand für eine Besprechung wirklich gerechtfertigt war.

1.2 Die unterschiedlichen Besprechungsarten

Entsprechend ihren unterschiedlichen Zielsetzungen lassen sich die Besprechungsarten in fünf Kategorien einteilen:
1. Informationen austauschen
2. Ideen entwickeln
3. Probleme lösen
4. Konflikte bewältigen
5. Entscheidungen treffen

Jede der Besprechungsarten hat ihre Besonderheiten, die es im Interesse der Ergebnisqualität und Zeitersparnis zu beachten gilt. Ein weiteres Unterscheidungsmerkmal ist die Frage der Terminfestlegung:
- Fallweise Besprechungen werden im aktuellen Bedarfsfall vereinbart und finden demzufolge in unregelmäßigen Zeitabständen statt.

- Turnusmäßige Besprechungen (auch „Routinebesprechungen") werden hingegen in regelmäßigen Intervallen abgehalten, die mit den Beteiligten zuvor langfristig vereinbart wurden.

Turnusmäßige Besprechungen

In manchen Unternehmens- bzw. Arbeitsbereichen ist es üblich, sich in regelmäßigen Abständen zu Besprechungen zusammenzusetzen. Die Teilnehmer derartiger Zusammenkünfte können sein:
- die Unternehmensleitung
- Führungskräfte bestimmter Hierarchieebenen
- geschlossene Mitarbeitergruppen
- spezielle Arbeitsgruppen bzw. Teams
- Projektgruppen
- Qualitätszirkel
- Betriebsratsmitglieder
- Gewerkschaftsgruppen
- ständige oder für einen begrenzten Zeitraum gebildete Gremien

Die Treffen können dazu dienen, sich regelmäßig über aktuelle Ereignisse zu informieren oder kontinuierlich an einem gemeinsamen Vorhaben zu arbeiten. Voraussetzungen für solche turnusmäßigen Besprechungen sind ein regelmäßiger Gesprächsbedarf, bedarfsgerechte Besprechungsintervalle und die regelmäßige Verfügbarkeit aller Teilnehmer.

Vor- und Nachteile gegeneinander abwägen

Als grundsätzliche Vorzüge wären zu nennen:

- Die Teilnehmer können die Termine langfristig einplanen.
- Statt mehrerer Einzelbesprechungen können Themen geringen Zeitbedarfs zu einem Termin zusammengefasst werden.
- Weniger dringliche Probleme müssen nicht zu Adhoc-Besprechungen führen.
- Es können nebenher auch weniger wichtige Punkte besprochen werden, die keine besondere Zusammenkunft rechtfertigen würden.
- Die Umsetzung gefasster Beschlüsse kann bei späteren Treffen im Beisein aller Mitwirkenden kontrolliert werden.
- Die wachsende Vertrautheit der Gruppe baut Hemmungen ab und aktiviert die Teilnehmer.

Dem entgegenstehen können die folgenden Unzulänglichkeiten:

- Die Teilnehmer fühlen sich genötigt, bei jedem Treffen etwas vorzutragen, auch wenn sie keine Informationen oder Fragen haben.
- Ersatzweise werden dann Bagatellen zu Problemen hochstilisiert.
- Wegen derartiger Nebensächlichkeiten ziehen sich die Besprechungen in die Länge.
- Manche Beteiligten können die festgelegten Ter-

mine nicht einhalten, sodass die Runde häufig beschlussunfähig ist.

- Langfristig entwickelt sich eine Tendenz zur unverbindlichen Plauderei.

Überwiegen die Nachteile, können turnusmäßige Besprechungen in Verruf geraten, was sich dann in ironischen Bezeichnungen wie „Märchenstunde" ausdrückt. Ehe man regelmäßige Besprechungsintervalle einführt, sollte man daher die Vor- und Nachteile im Einzelfall sorgsam gegeneinander abwägen. Damit die möglichen Nachteile nicht zum Tragen kommen, sind folgende Punkte zu beachten:

1. In einer Grundsatzbesprechung sind die Modalitäten der künftigen Besprechungen mit allen Beteiligten zu klären und verbindlich festzulegen.
2. Dabei ist sicherzustellen, dass die Teilnehmer terminlich hinreichend flexibel sind, um die Fixtermine tatsächlich einhalten zu können.
3. Zu Beginn einer jeden Zusammenkunft ist die Tagesordnung zu verlesen und ggf. zu ergänzen oder – falls noch nicht geschehen – aufzustellen.
4. Alsdann ist zu entscheiden, ob genügend erwähnenswerte und unaufschiebbare Besprechungspunkte vorliegen. Ist das nicht der Fall, sollte man sich auf den nächsten Termin vertagen.
5. Im Verlauf der Besprechung ist von der Tagesordnung nicht ohne triftigen Grund abzuweichen.

6. War wenig zu besprechen, sollte die Besprechung auch nach kurzer Dauer beendet werden.

Besprechungsintervalle

Ebenfalls wichtig ist die Frage der Intervalle der Zusammenkünfte. Eine allgemeingültige Regel lässt sich hierfür nicht aufstellen, da die Treffen von den Notwendigkeiten und Möglichkeiten jedes Einzelfalls abhängen. Immerhin aber lassen sich einige grundsätzliche Gesichtspunkte anführen.

Argumente für kurze Intervalle sind:

- Es können auch kurzfristig aufkommende Probleme behandelt werden.
- Es sammeln sich nicht allzu viele Punkte für die einzelnen Zusammenkünfte an, sodass die Besprechungsdauern kurz gehalten werden können.
- Die auszutauschenden Informationen oder Fragen sind hinreichend aktuell und damit interessant und nützlich.
- Die Kontinuität der Zusammenarbeit ist besser gewährleistet. Es treten seltener Erinnerungslücken auf, die überbrückt werden müssten.
- Die Teilnehmer lernen sich besser kennen, was das Arbeitsklima und die Effizienz der Gruppe begünstigt.

Argumente für lange Intervalle sind dagegen:
- Die Teilnehmer müssen sich nicht so viele Termi-

ne blockieren und sich nicht so häufig aus ihrem Alltagsgeschäft herauslösen.

- Es kommt seltener zu Stoffmangel und dadurch bedingte unergiebige Plaudereien.
- Durch die geringere Häufigkeit sowie durch die inhaltliche Substanz bleibt das Interesse an den Zusammenkünften länger aufrechterhalten.
- Die Besprechungen werden als bedeutsam wahrgenommen und es kommt nicht so schnell zu „Verschleißerscheinungen" des Gremiums.
- Insgesamt ergeben sich geringere Besprechungskosten.

 *Je nach Besprechungsanlass werden verschiedene Besprechungsarten unterschieden. Wenngleich alle dieselbe zielorientierte Grundstruktur aufweisen sollten, sind einige Besonderheiten – vor allem psychologischer Art – zu beachten. Auch sollte hinsichtlich der Besprechungshäufigkeit zweckbezogen differenziert werden.*

1.3 Konfliktpotenzial in Besprechungen

Weil die an Problemlösungsbesprechungen Beteiligten unterschiedliche Meinungen hinsichtlich der

optimalen Lösung vertreten oder mit der Problemlösung gegensätzliche individuelle Absichten verfolgen, liegt oft eine Konfliktsituation zugrunde. Meist
handelt es sich bei einer Besprechung um einen:

- Zielkonflikt („Was soll die Lösung bewirken?")
- Mittelkonflikt („Welche Mittel oder Wege sollen
  zur Zielverfolgung gewählt werden?")
- Verteilungskonflikt („Wer soll was bekommen?")

Systematisierung des Gesamtprozesses

Damit es trotz kontroverser Meinungen oder Absichten in Problemlösungsbesprechungen zu einer Über-
einkunft kommen kann, muss ein Interessenaus-
gleich erreicht werden. Ein Unterfangen, das sich oft
als schwierig erweist, denn zwangsläufig löst es bei
den Teilnehmern negative Gefühle aus, wenn ihre
Wunschvorstellungen und ihr Urteilsvermögen infrage gestellt werden. Eskaliert der Konflikt, geht es
den Beteiligten nicht mehr um das beste Sachergebnis, sondern jeder will als Sieger aus der Debatte
hervorgehen. Es kommt dann oft zu aggressiven Ge-
fühlsäußerungen, sodass sich aus dem Sachkonflikt
schnell ein Beziehungskonflikt entwickeln kann.
Hier ist der Gesprächsleiter in besonderem Maß ge-
fordert: Um die Teilnehmer trotz emotionaler Be-
troffenheit bei der Sache halten zu können, sollte er
der Besprechung eine folgerichtige Ablaufstruktur

vorgeben und diese konsequent verfolgen. Auf diese Weise ist es für ihn weniger schwierig, bei Themenabweichungen oder polemischen Angriffen die Teilnehmer immer wieder auf das Besprechungsziel zu lenken, ohne dabei oberlehrerhaft zu wirken oder jemanden persönlich zu kritisieren.

Trotz unterschiedlicher Problemarten folgen alle zielgerichteten Problemlösungsprozesse einer einheitlichen Logik und daher sollten die Besprechungen dementsprechend strukturiert sein. Die Struktur resultiert aus drei grundlegenden Fragestellungen:

1. „Was für ein Problem liegt vor?"
2. „Wodurch kam es zu dem Problem?"
3. „Wie lassen sich die Problemursachen und Problemauswirkungen beseitigen?"

Leitfaden zur Problemlösung

Wenn Sie sich an dem nachstehenden Leitfaden orientieren, haben Sie größtmögliche Chancen, ohne erschwerende und zeitraubende Umwege zu bestmöglichen Lösungen zu kommen.

1. Problemanalyse:
- Problem umfassend und eindeutig beschreiben
- wahrscheinlichste Problemursache ermitteln
- Ziel bzw. Zielrichtung der Lösungsmaßnahmen festlegen

– Maximal- und Minimalziel definieren (Handlungsspielraum)

2. Ideenfindung:
– Lösungsideen entwickeln und sammeln
– Ideen ordnen und gegebenenfalls detaillieren oder weiterentwickeln
– Ideen auf Realisierbarkeit überprüfen
– Lösungsalternativen aufgrund der Ideen formulieren

3. Alternativenbewertung:
– Entscheidungskriterien festlegen
– Kriterien gemäß ihrer Bedeutsamkeit gewichten
– Lösungsalternativen anhand der Kriterien bewerten
– Alternativenrangfolge nach Nutzwerten aufstellen

4. Alternativenauswahl:
– zu realisierende Alternative auswählen– Auswahl plausibel begründen
– eventuelle Bedenken oder erkannte Risiken festhalten
– Entscheidungsverfahren dokumentieren

5. Maßnahmenplanung:
– Katalog der Lösungsmaßnahmen aufstellen
– Ablauf- und Zeitplan entwerfen
– Finanzen, Personal und Sachmittel festlegen
– Kontrollmaßnahmen und -termine vereinbaren

Der durch ein aggressives Besprechungsklima angerichtete langfristige Schaden für die Zu-

sammenarbeit ist manchmal größer als der durch ein optimales Sachergebnis erzielte Nutzen. Doch selbst wenn eine Besprechung in der Sache zu keiner Lösung geführt hat, kann sie einen Nutzen erbracht haben.

1.4 Kriterien des Besprechungserfolgs

Zweifellos ist ein optimales Sachergebnis anzustreben. Es darf jedoch nicht das alleinige Ziel der Besprechung sein. Daneben müssen die Teilnehmerbefindlichkeiten beachtet werden, damit eine Besprechung als erfolgreich gelten kann. Oft ist es ebenso wichtig – in manchen Fällen sogar noch wichtiger –, dass die Teilnehmer zufrieden aus der Besprechung hinausgehen und bereit sind, sich für die Realisierung der Sachergebnisse zu engagieren.

Hierbei spielt eine maßgebliche Rolle, wie sich die Teilnehmerbeziehungen gestalteten. Besprechungsteilnehmer werden nur zufrieden sein, wenn ...

- ihre Selbstwertgefühle nicht verletzt wurden,
- ihre persönlichen Bedürfnisse nicht missachtet wurden und
- sie das Gefühl mitnehmen, keine Zeit vergeudet, sondern etwas Nützliches geleistet zu haben.

Teilnehmerzufriedenheit

Unabhängig von ihren Sachinteressen haben Besprechungsteilnehmer auch eine Vielzahl emotionaler Bedürfnisse, die für den Besprechungsverlauf ausschlaggebend sein können. Beispielsweise wollen sie ...

- positive Rückmeldungen bekommen und anerkannt werden,
- die Ergebnisse maßgeblich mitgestalten (unter Umständen Macht ausüben),
- ihre Kenntnisse und Fähigkeiten darstellen und sich profilieren,
- die eigene Position in der Gemeinschaft testen oder festigen,
- Missverständnisse ausräumen oder sich rechtfertigen,
- eventuellen Ärger artikulieren und Aggressionen abbauen,
- Kontakte zu den anderen aufbauen.

Ein Gesprächsleiter sollte daher die nötige Sensibilität aufbringen, die Teilnehmerbedürfnisse wahrzunehmen und auf sie verständnisvoll zu reagieren. Wird nämlich den Bedürfnissen nicht Rechnung getragen, kommt es zu Enttäuschungen oder Aggressionen, die sich auf das Besprechungsklima, die Ergebnisqualität und oft auch auf die künftige Zusammenarbeit der Beteiligten nachteilig auswirken. Unter

Umständen wird dadurch die Umsetzung der beschlossenen Maßnahmen gefährdet.

Auch Ergebnislosigkeit kann Erkenntnisse bringen

Ein weiteres Zufriedenheits- und Erfolgskriterium ist, inwieweit mit der Besprechungszeit rationell umgegangen wurde. Doch kann selbst eine ergebnislos verlaufene Besprechung ihren Nutzen erbracht haben, indem sie immerhin deutlich gemacht hat, dass das vorliegende Problem nicht (oder zurzeit nicht) gelöst werden kann. Sie kann auf diese Weise das Problembewusstsein und die Gefühlslage der Beteiligten richtungweisend beeinflusst haben. Hinzu kommt, dass jede Besprechung ein Gruppenprozess ist und – in konstruktiver Weise durchgeführt – etwas zum Gemeinschaftsgefühl und Zusammenarbeitsklima beiträgt. Wurde kein greifbares Sachergebnis erzielt, sollte am Schluss der Besprechung aber zumindest eine Vereinbarung getroffen werden, wie weiterhin zu verfahren ist.

Um eine optimale Effizienz von Besprechungen zu erzielen, sind mehrere Aspekte zu beachten:

- *Besprechungen sind ein betrieblicher Kostenfaktor, bei dem durch die Art der Vor- und Nachbereitung sowie der Abwicklung ein erhebliches Rationalisierungspotenzial besteht.*
- *Zunächst ist zu überlegen, ob eine Besprechung nötig ist oder ob eine andere Art des Informationsaustauschs weniger zeit- und kostenaufwendig zum Ziel führen könnte.*
- *Je nach Besprechungsziel bieten sich unterschiedliche Besprechungsarten und -formen an.*
- *Bei problemorientierten Besprechungen handelt es sich um Konfliktsituationen. Eine systematische Besprechungsstruktur hilft dem Gesprächsleiter, derartige Prozesse dennoch zielstrebig ablaufen zu lassen. Dabei sind nicht nur die Sachergebnisse ein Erfolgskriterium, sondern muss auch eine größtmögliche Teilnehmerzufriedenheit erreicht werden, damit die Besprechungsergebnisse später tatsächlich umgesetzt werden.*

30 MINUTEN

2. Entwickeln von Problem-lösungsideen

Weichen die tatsächlichen Gegebenheiten von den gewünschten ab oder entsprechen sie nicht den geltenden Normen, spricht man von einem Problem, das es zu lösen gilt. In Organisationen ist es oft nützlich oder aufgrund von Zuständigkeiten unverzichtbar, dass daran mehrere Betroffene oder Fachkundige mitwirken.

Um hierfür Informationen, Meinungen und Ideen auszutauschen oder offene Fragen zu klären, ist es meist zweckdienlich, sich zu einer Besprechung zusammenzusetzen. In der Regel kommen dabei unterschiedliche Sachaspekte oder gegensätzliche Standpunkte zur Sprache, wodurch sich zwangsläufig eine Konfliktsituation ergibt. Diese Ausgangskonstellation kann einen zielstrebigen Problemlösungsprozess erheblich erschweren.

2.1 Kreativitätstechniken zur Ideenfindung

Das Entwickeln von Lösungsalternativen ist der kreative Teil des Prozesses und von hoher Bedeutung für die Qualität der Problemlösung. Der Begriff „Kreativität" wird im allgemeinen Sprachgebrauch uneinheitlich verwendet. Im Hinblick auf das Lösen von Problemen könnte die Definition lauten: Kreativität heißt, neue sinnvolle Ideen zu entwickeln.

Bestimmte persönliche Grundeinstellungen und Befindlichkeiten können sich bei der Ideensuche kreativitätsmindernd auswirken:

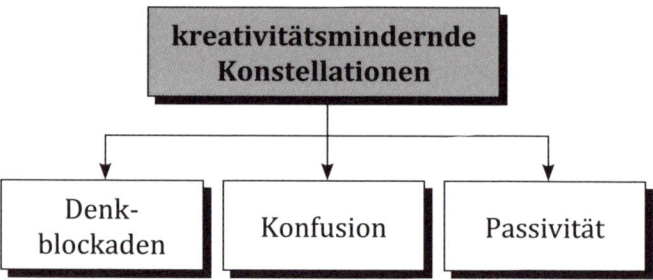

Diese Hemmnisse können verschiedenartige Ursachen haben.

Konfusion:
- mangelnde Problemtransparenz
- diffuse Zielvorstellungen

- unstrukturierte Denkarbeit

Denkblockaden:
- stressbedingte Hormonlage
- negative Gehirnkonditionierung
- einengende Erfahrungen und Gewohnheiten

Passivität:
- Lustlosigkeit, Desinteresse, Ablenkungen
- allgemeine Antriebslosigkeit
- gewohnheitsmäßige Arbeitshaltung

Es gibt eine Reihe bewährter Kreativitätstechniken, mit deren Hilfe sich die Ideenvielfalt in Problemlösungsbesprechungen steigern lässt.

2.2 Überwinden typischer Denkblockaden

Jeglicher Zwang beeinträchtigt die freie Entfaltung kreativer Gedanken. Dazu gehören alle belastenden Einflüsse wie:
- Zeitmangel, Terminnöte
- Störungen, Ablenkungen
- Überforderung, Versagensängste
- Kritik, Vorwürfe, Drohungen

Derartige Zwänge lösen unseren natürlichen Stress-mechanismus aus. Er bewirkt eine Hormonlage, die unter anderem das Denken behindert und sogar zu totalen Denkblockaden führen kann. Für kreative Denkprozesse ist es wichtig, sich eine möglichst spannungsfreie, angenehme Situation zu schaffen.

Günstige Besprechungsbedingungen

Als Besprechungsverantwortlicher sollte man daher für die Phase der Ideensuche folgende Vorausset-zungen schaffen:

- Keinen vermeidbaren Erfolgs- oder Zeitdruck aus-üben – Ideenfindung ist keine Fleißarbeit!
- Einen Besprechungstermin vereinbaren, bei dem keine nachfolgenden Teilnehmerverpflichtungen den Zeitrahmen einengen.
- Eine Tageszeit wählen, bei der am wenigsten mit Störungen und Unterbrechungen zu rechnen ist.
- Einen störungsfreien Besprechungsraum wählen. Notfalls einen Ortswechsel vornehmen.
- Auf behagliche Raumbedingungen achten (Belüf-tung, Beheizung, Beleuchtung, Bestuhlung).
- Auf die Kondition der Teilnehmer Rücksicht neh-men: Keine Zeiträume besonders hoher Arbeitsbe-lastung wählen und keine überfordernde Bespre-chungsdauer vorsehen, Erfrischungsgetränke und kleine Energie spendende Süßigkeiten anbieten.

- Dafür sorgen, dass die Kreativität der Teilnehmer nicht durch Kritik oder Spott gebremst wird. Auch zunächst abwegig erscheinende Ideen nicht vorschnell verwerfen, sondern vorurteilsfrei zur Kenntnis nehmen und diskutieren lassen.

Brainstorming als bewährte Technik

Zwar liefern uns Erfahrungen und erlerntes Wissen wichtige Anregungen für neue Ideen, sie können uns aber auch den Blick für Neues verstellen. Hat man mit bestimmten Lösungen gute Erfahrungen gemacht, wird es einem zunehmend unvorstellbar, ohne zwingenden Grund vom Bewährten abzuweichen, oder es fehlt einem der Mut, neue Wege zu erproben.

Vor allem die Brainstorming-Methode hilft, Stress zu vermeiden und Vorurteile und Denkbarrieren abzubauen. Sie ist heute die bekannteste und wohl am häufigsten praktizierte Kreativitätstechnik.

Aus Angst, uns lächerlich zu machen oder zu blamieren, verwerfen wir spontane Ideen oftmals schon, ehe wir sie überhaupt gedanklich vertieft haben. Darum kommt es oft nicht zu neuen und originellen Lösungen. Die Regeln des Brainstormings helfen, derartige innere Vorbehalte zu überwinden und Ideen spontan und unbefangen zu äußern. Darüber hinaus führen sie zu Assoziationen, das heißt, die Teilnehmer regen sich gegenseitig zu neuen Ideen oder zur Weiterentwicklung von bereits geäußerten an.

Eine effiziente Brainstormingsitzung erfordert einen versierten Moderator, der dafür zu sorgen hat, dass die folgenden Regeln eingehalten werden:

- **Problem als konkrete Frage formulieren.** Keine diffuse Schilderung, sondern eine möglichst konkrete Beschreibung oder – besser noch – Fragestellung. Dabei ist es empfehlenswert, die Beschreibung oder Frage zusätzlich zu visualisieren und die Teilnehmer aufzufordern, zunächst Verständnisfragen zu stellen.
- **Spontaneität geht vor Gewissenhaftigkeit.** Die Teilnehmer sind aufzufordern, ihre Ideen direkt und ohne Hemmungen auszusprechen, ohne dass sie diese näher erläutern oder begründen müssen. Kommentare oder Fachdiskussionen, die den Ideenfluss unterbrechen, sollen unterbleiben.
- **Quantität geht vor Qualität.** Es müssen alle Ideen akzeptiert und gut lesbar angeschrieben werden, auch wenn es sich um Wiederholungen oder Themenabweichungen handelt. Je mehr Ideen geäußert werden, desto mehr Assoziationsmöglichkeiten werden geschaffen und umso ausgefallener werden die Beiträge.
- **Originalität geht vor Logik.** Damit möglichst viele Gedankenketten aufgebaut

und neuartige Lösungen gefunden werden, müssen logische Einschränkungen unterbleiben. Auch zunächst absurd erscheinende Ideen können zu nützlichen Weiterentwicklungen anregen!

- **Jegliches Bewerten ist untersagt.**
  Insbesondere negative Kritik ist strikt zu unterbinden, da sie Befürchtungen aufkommen lässt, sich zu blamieren. Selbst nonverbale Abwertungen, wie Kopfschütteln, sollten unterbleiben.
- **An die Ideen anderer anknüpfen lassen.**
  Das Weiterführen oder Verfremden von Beiträgen ist kein Ideenklau, sondern erwünscht.
- **Prozess in Gang halten und ggf. neu anregen.**
  Um den Prozess anzuregen, ist es nützlich, wenn der Moderator die einzelnen Zurufe noch einmal deutlich wiederholt, wodurch er gleichzeitig dem Schriftführer die Arbeit erleichtert. Auch kann er selbst die eine oder andere anregende Idee einbringen, sollte sich aber insgesamt eher zurückhalten, um nicht zu dominieren.

Das Brainstorming eignet sich jedoch nur für wenig komplexe Probleme bzw. für Fragestellungen, die sich mit einem Stichwort oder kurzen Satz beantworten lassen. Es sei denn, ein komplexes Problem lässt sich in Detailprobleme aufteilen, die dann in separaten Brainstormingsitzungen behandelt werden.

Denkblockaden werden meist durch stressbedingte hormonelle Vorgänge ausgelöst. Ziel einiger Kreativitätstechniken ist daher, stressauslösende Einflüsse bei Ideenfindungsprozessen zu vermeiden bzw. abzubauen.

2.3 Techniken gegen Konfusion

Für die Systematisierung der Ideensuche eignen sich insbesondere morphologische Kreativitätstechniken. Deren Grundprinzip ist, den Ideenfindungsprozess in zwei Schritte zu gliedern:

1. **Analytische Phase:**
   a) Der Problemgegenstand wird in seine veränderbaren Elemente (Parameter) zerlegt.
   b) Zu den einzelnen Parametern werden unabhängig voneinander Teillösungen entwickelt.
2. **Synthetische Phase:**
   a) Sämtliche Teillösungen werden kombiniert.
   b) Als Gesamtlösung ungeeignete oder nicht realisierbare Ergebnisse können hier bereits ausgesondert werden.

Die morphologische Technik verhindert, dass durch planloses Vorgehen wertvolle Lösungsmöglichkeiten übersehen werden. Sie eignet sich deshalb vor allem für Problemlösungsbesprechungen, bei denen es um besonders komplexe Probleme geht. Problemfälle also, bei denen es den Teilnehmern wegen der Vielzahl der Problemelemente schwerfällt, brauchbare Lösungsmöglichkeiten zu erkennen. Geht man jedoch nach der morphologischen Systematik vor und zerlegt das Gesamtproblem zunächst in überschaubare Einzelprobleme, wird es transparenter und besser handhabbar. Auf diese Weise kann man sich zur Ideensuche auch in Kleingruppen aufteilen und jede Gruppe ein anderes Teilproblem bearbeiten lassen.

Oft führt ein konfuses Vorgehen dazu, dass es in Besprechungen nicht zu den bestmöglichen Vorschlägen zur Problemlösung kommt. Durch den Einsatz geeigneter Techniken und Instrumente lassen sich Ideenfindungsprozesse systematisieren und somit die Qualität ihrer Ergebnisse optimieren.

2.4 Aktivierung der Teilnehmer

Problemlösungsbesprechungen finden oft nur deshalb zu keinem brauchbaren Lösungsansatz, weil die Gruppe wegen unklarer Zielvorstellungen oder mangelnder Disziplin konfus durcheinander diskutiert und keine klare Linie verfolgt. Durch Strukturierung des Problems und Systematisierung der Ideensuche lässt sich dem entgegenwirken.

Besprechungsteilnehmer wollen den Sinn der Besprechung sowie den erzielbaren Nutzen erkennen können. Die Teilnehmer werden erst dann bereit sein, sich in die Besprechung engagiert einzubringen, wenn ihnen das zu lösende Problem umfassend und anschaulich dargestellt wurde.

Um das Teilnehmerinteresse zu steigern, sollte man daher als Gesprächsleiter ...

- die Ausgangslage und das Besprechungsziel klar und eindeutig beschreiben,
- komplexere Zusammenhänge durch Grafiken oder Tabellen verständlich machen,
- den Nutzen der Problemlösung für das Gesamtvorhaben und für die Teilnehmer darlegen und
- bei schwerwiegenden Besprechungsanlässen die Konsequenzen einer ausbleibenden oder unzureichenden Lösung aufzeigen.

Probleme beschreiben und visualisieren

Bei schwierigen oder besonders komplexen Problemen ist diese Regel wörtlich zu nehmen, das heißt, die Situation sollte schriftlich dargestellt werden. Dabei ist jedes problemrelevante Element zu berücksichtigen und die Beschreibung logisch zu gliedern.

Die Schriftform zwingt zum disziplinierten Denken und lässt logische Brüche sowie fehlende Fakten erkennbar werden.

Für Problemerläuterungen in Gruppen sind tabellarische oder bildhafte Darstellungen wie Flussschemen oder Diagramme hilfreich. Sie können Beziehungen und Abläufe besonders gut verdeutlichen. Als Visualisierungsmedien bieten sich hierfür an:

- Flipchart
- Overheadprojektor mit Projektionsfolien
- Computer mit Beamer
- Moderationswand mit Stichwortkarten

Das Mind-Mapping

Besonders gut eignet sich die Darstellungstechnik des Mind-Mappings, um Besprechungsteilnehmern die Problemstrukturen bildhaft zu machen und sie zu logischen Gedankenketten anzuregen. Als Zeichengrundlage kann hierfür ein Flipchart dienen. Ausgehend vom Textfeld mit der Problembenennung, werden die entwickelten Grundideen wie die Äste eines Baums angefügt und bei fortführenden Lösungsideen weitere Verzweigungen gezeichnet. Durch Farben und Umrandungen lassen sich dabei auch Prioritäten oder Anmerkungen hervorheben. Vorausgesetzt, es steht ein Beamer zur Verfügung, lassen sich Mind-Maps in Besprechungen auch mittels spezieller Computerprogramme schnell und für alle sichtbar entwickeln. Derartige Programme ermöglichen auch Änderungen oder die Umwandlung der grafischen Darstellung in eine Tabellenform per Mausklick.

Aktivierende Fragetechniken

Einer gezielten Frage des Gesprächsleiters wird sich ein Besprechungsteilnehmer normalerweise nicht verweigern – schon um nicht als unwissend zu gelten. Hingegen kommt es der persönlichen Bequemlichkeit entgegen, wenn man bei einer allgemeinen Diskussion in der Masse untertauchen kann.

Bei besonders passiven Besprechungsteilnehmern kann es sogar angebracht sein, sie durch provozierende Fragen oder eine völlig abwegig erscheinende These herauszufordern und so den trägen Besprechungsfluss zu beleben.

Zum Perspektivenwechsel anregen

Auch Fragen können das Interesse der Teilnehmer anregen, die Dinge einmal aus einer ungewohnten Perspektive zu betrachten.

Gegenüber Neuartigem haben wir oft Vorbehalte und scheuen uns davor, einmal in eine ungewohnte Richtung zu denken. Typischerweise wird unsere Betrachtungsweise manchmal eingeschränkt durch:

- besonders gute oder schlechte Erfahrungen
- verfestigte Gewohnheiten
- einengende Vorgaben
- Streben nach Perfektion
- ausgeprägtes Kosten-Nutzen-Denken
- Neigung zu Populärem oder Spektakulärem
- Fixierung auf mögliche Hindernisse/Risiken
- bequemes Beschränken auf das Zweitbeste

Schon einige schlichte Fragen, die das Gewohnte infrage stellen oder dazu auffordern, Vorbehalte gegen etwas Neues zu begründen, können zu neuem Denken veranlassen. Beispielsweise:

- „Warum ist das so?"
- „Was hindert uns daran, es einmal anders zu versuchen?"
- „Was wäre, wenn die Dinge anders wären – was wären die Auswirkungen?"

Kopfstand-Technik

Die Technik basiert auf einer Umkehrung der ursprünglichen Aufgabenstellung.

a) Umkehrung des Problemlösungsziels in sein Gegenteil: Den meisten Menschen fällt die negative Sichtweise eines Problems leichter als eine lösungsorientierte. Die Kernfrage lautet bei dieser Technik: „Was müssten wir tun, damit alles noch schlimmer wird?" Aus den Antworten lassen sich oft Erkenntnisse gewinnen, was man künftig vermeiden sollte oder wie man aus einer negativen Fiktion etwas Positives entwickeln könnte.

b) Umkehrung der Blickrichtung auf das Problem: Hierbei geht es darum, sich mit der problematischen Person oder Situation zu identifizieren und die Problematik aus dieser Perspektive zu betrachten. Kernfrage: „Wenn ich selbst das Problem hätte oder ich selbst es wäre, wie würde ich dann die Dinge sehen – was würde ich dann wollen?"

Wenn es beispielsweise darum geht, dass die Geschäftsleitung eines Supermarkts nach Ideen sucht, sich durch einen verbesserten Kundenservice zukunftssicherer zu machen, so könnten die folgenden Fragestellungen dabei behilflich sein:

Umkehrung des Problemziels
Ursprungsfrage: „Was können wir als Supermarkt tun, um unsere Kunden dauerhaft zu halten?"
Umkehrung: „Was können wir als Supermarkt tun, um unsere Kunden auf Lebenszeit zu vergraulen?"
Beantwortungsbeispiel: „Wir streuen Glasscherben, damit sich die Kunden ihre Schuhsohlen zerschneiden."

Abgeleitete Ideen:
a) Es ist besser als bisher sicherzustellen, dass Scherben heruntergefallener Flaschen unverzüglich beseitigt werden.
b) Einrichtung eines Schuh-Schnellreparatur-Dienstes als Leistungsangebot.

Umkehrung der Blickrichtung

Ursprungsfrage:
„Was können wir als Supermarkt zur Verbesserung der Kundenzufriedenheit tun?"

Umkehrung:
Wodurch könnte ich als Kunde veranlasst werden, nur bei diesem Supermarkt einzukaufen?"

Beantwortungsbeispiel:
„Wenn ich mich während des Einkaufens zwischendrin mal entspannen könnte."

Abgeleitete Ideen:
a) Einrichtung einer Sitzecke mit Getränkeautomaten und Lesematerial.
b) Einrichtung eines Ruheraums mit Liegen und Massage-Service.

Problemlösungen in Gruppen können sich wegen schwieriger Sachfragen, aber auch aufgrund negativer Emotionen, unsystematischen Vorgehens oder passiven Teilnehmerverhaltens schwierig gestalten. Kreativitätstechniken können maßgeblich dazu beitragen, derartige Handicaps zu überwinden.

30 MINUTEN

Was spricht für Gruppen-entscheidungen?

Inwiefern ist die Auswahl der Entscheidungskriterien so wichtig?

Wie lässt sich der Nutzwert einer Entscheidung maximieren oder ihr Risiko minimieren?

3. Wege zu optimalen Entscheidungen

Echte Entscheidungen sind dadurch gekennzeichnet, dass sie unter Ungewissheit und mit gewissen Risiken zu treffen sind. Die prägenden Merkmale sind, dass mehrere Alternativen zur Auswahl stehen, die Auswahl getroffen werden muss, ehe sie durch neue Ereignisse überholt wird, und dass die Entscheidung unumkehrbar ist – sie ernsthafte Maßnahmen auslösen soll. Zusammenfassend kann die Definition wie folgt lauten: Eine Entscheidung ist die rechtzeitige und endgültige Wahl des Weges, auf dem man etwas erreichen will.

Durch Systematisierung des Entscheidungsprozesses und unter Anwendung bestimmter Entscheidungstechniken lässt sich der zu erwartende Nutzen einer Entscheidung maximieren oder deren Risiko minimieren.

3.1 Entscheidungsfindung in Gruppen

Häufig ist es zweckdienlich oder sogar unerlässlich, eine Entscheidung nicht allein zu fällen, sondern sie in der Diskussion mit anderen zu treffen oder zumindest vorzubereiten. Die Gründe hierfür können sein:

- keine Befugnis zur Alleinentscheidung
- großes Entscheidungsrisiko
- möglichst vielfältige Lösungsvorschläge
- ein großes Wissens- und Erfahrungspotenzial
- Berücksichtigung der Belange aller Betroffener
- rechtzeitige und umfassende Information der Ausführenden
- Stärkung der Verantwortungsbereitschaft und Motivation von Mitarbeitern

Erschwerende Kriterienvielfalt

Beim Beheben von Problemen bieten sich in der Regel mehrere Lösungsmöglichkeiten, zwischen denen es zu wählen gilt. Diese Auswahlentscheidung fällt oft schwer, weil Probleme selten eindimensional sind, sondern meist komplexe Sachverhalte betreffen. Demzufolge sind gleichzeitig mehrere Entscheidungskriterien zu berücksichtigen, wenn man die Nutzwerte der verschiedenen Alternativen ermitteln und zur besten Lösung kommen will.

Gehe ich beispielsweise bei einer Wohnungssuche nur nach einem einzigen, mir besonders wichtigen Kriterium vor – beispielsweise der niedrigsten Miete –, werden sich viele meiner Wünsche nicht erfüllen lassen: große und gut geschnittene Räume, attraktive Wohnlage, sonniger Balkon und vieles mehr. Ich werde also auch diese Kriterien bei der Wohnungswahl beachten müssen, was meine Auswahlentscheidung verkompliziert. Suche ich dagegen eine Wohnung für meine Familie, wird die Entscheidung noch weitaus schwieriger. Wahrscheinlich werden die anderen Familienmitglieder aufgrund ihrer individuellen Bedürfnisse und Interessen die einzelnen Entscheidungskriterien anders beurteilen und weitere Kriterien für wichtig halten als ich.

Somit kommt es bei Gruppenentscheidungen in aller Regel zu Interessenkollisionen. Die hohe Kunst des Gesprächsleiters besteht darin, trotz der Kriterien- und Interessenvielfalt zu einer von allen Beteiligten akzeptierten Vereinbarung zu gelangen. Das lässt sich nur erreichen, indem …

- alle entscheidungsrelevanten Bedürfnisse und Interessen der Gruppenmitglieder zur Sprache kommen sowie
- angemessen und einvernehmlich berücksichtigt werden.

Mitarbeiter an Entscheidungen beteiligen

Inwieweit man als Führungskraft seine Mitarbeiter an Entscheidungen mitwirken lässt, ist ein wesentliches Merkmal des persönlichen Führungsstils. Während Gruppenentscheidungen ein Hauptmerkmal des demokratischen Führens sind, kennzeichnen Alleinentscheidungen einen autokratischen Führungsstil. Doch darf nicht außer Acht gelassen werden, dass es unter Umständen für beide Entscheidungsverfahren eine Reihe guter Gründe geben kann. Im Zweifelsfall sollte man jedoch der Glaubwürdigkeit wegen als Führungskraft stets dasjenige Entscheidungsverfahren wählen, das den persönlichen Führungsgrundsätzen entspricht. Entschließt man sich zur demokratischen Vorgehensweise, so kann die Mitarbeitermitwirkung dennoch unterschiedlich ausgeprägt sein.

- **Selbstständige Gruppenentscheidung:**
  Der Vorgesetzte lässt die Gruppe völlig selbstständig entscheiden, überlässt ihnen auch die Regelung des Entscheidungsverfahrens und ist bereit, jedes Ergebnis zu akzeptieren.
- **Moderierte Gruppenentscheidung:**
  Der Vorgesetzte fordert die Mitarbeiter auf, eine Gruppenentscheidung zu fällen, gibt aber ein bestimmtes Entscheidungsverfahren vor (zum Beispiel Mehrheitsentscheid) oder behält sich für den Fall der Beschlussunfähigkeit der Gruppe die alleinige Entscheidung vor.

- **Gleichrangige Vorgesetztenmitwirkung:**
  Der Vorgesetzte entscheidet als gleichrangiger Diskussionsteilnehmer mit.
- **Indirekte Mitarbeitermitwirkung:**
  Der Vorgesetzte bittet die Mitarbeiter um ihre Vorschläge und Meinungen, um diese dann nach eigenem Ermessen in seine persönliche Entscheidung einzubeziehen.

Generell ist zu beachten, dass man am Beginn einer Mitarbeiterbesprechung die Entscheidungsverantwortung und das Entscheidungsverfahren eindeutig regelt und sich selbst konsequent an diese Regeln hält. Andernfalls führt es bei den Mitarbeitern zu Irritationen und Enttäuschungen, die sich auf künftige Entscheidungssituationen sowie die allgemeine Verantwortungsbereitschaft negativ auswirken.

Je mehr Personen an der Entscheidungsfindung beteiligt sind, desto vielfältiger werden die Teilnehmerbelange und damit die Lösungsvorschläge und Entscheidungskriterien. Gelingt es nicht, eine breite Akzeptanz für die Beschlüsse zu erzielen, wird selbst ein in der Sache optimales Ergebnis später möglicherweise nicht – oder nur mit ungenügendem Engagement – realisiert.

3.2 Systematische Entscheidungs- vorbereitung

Ehe es in einer Besprechung zur Beschlussfassung kommt, sollte die Entscheidung sorgfältig vorbereitet worden sein. Dabei geht es darum, zu beurteilen, inwieweit die denkbaren Lösungsalternativen geeignet sind, das Problem zu lösen. Das geschieht durch eine Analyse ihrer Kriterien und eine vergleichende Bewertung der Kriterienausprägungen.

Konfliktträchtigste Phase

Bei Gruppenentscheidungen ist die Entscheidungsvorbereitung meist die schwierigste und konfliktträchtigste Phase, da es gilt, die von den Teilnehmern geäußerten Ideen und Vorschläge bewertend zu diskutieren. Da mit den Lösungsvorschlägen indirekt auch deren Urheber beurteilt werden, ist es unvermeidbar, dass Selbstwertgefühle berührt werden. Um dennoch zur bestmöglichen Entscheidung zu gelangen, sollte der Gesprächsleiter gewährleisten, dass in einer folgerichtigen Weise vorgegangen wird.

Eine systematische Entscheidungsvorbereitung erfordert folgende Schritte:

- **Kriterienanalyse:** Die Entscheidungskriterien festlegen, ordnen und deren anzustrebende Zielgrößen möglichst messbar benennen.

- **Kriteriengewichtung:** Die Kriterien hinsichtlich ihrer Bedeutung für das Entscheidungsergebnis zueinander ins Verhältnis setzen.
- **Kriterienbewertung:** Die Zielerreichungsgrade der Alternativenkriterien ermitteln, das heißt bewerten, inwieweit sie den Zielvorstellungen entsprechen.
- **Alternativenbewertung:** Die Alternativen anhand der Kriteriengewichtungen und -bewertungen in eine ihrem Problemlösungsnutzen entsprechende Rangfolge bringen.

Der Verzicht auf eine systematische Entscheidungsvorbereitung rächt sich meist bei der Beschlussfassung durch mehrfachen Zeitaufwand, mindere Ergebnisqualität und geringe Teilnehmerakzeptanz.

Die Kriterienwahl

Die Qualität des Entscheidungsergebnisses hängt maßgeblich von den gewählten Bewertungskriterien ab. Bleibt ein wichtiges Kriterium unberücksichtigt oder wird ein untaugliches eingeführt, können auch die weiteren Schritte kein optimales Entscheidungsergebnis mehr erbringen.

Naturgemäß kann in Besprechungen schon das Vereinbaren der Entscheidungskriterien zu heftigen Debatten führen. Meist erkennen es die einzelnen Teilnehmer schnell, wenn ein bestimmtes Kriterium die Entscheidung in eine andere als die von ihnen persönlich angestrebte Richtung lenken würde, und argumentieren dagegen. Anders jedoch als beim Treffen einer pauschalen Gesamtentscheidung beschränkt sich die Diskussion einzelner Kriterien auf die jeweilige Teilproblematik und werden die Teilnehmer gezwungen, ihre diesbezüglichen Standpunkte überzeugend zu begründen. Der Gesprächsleiter sollte darauf bestehen, dass man sich bei jedem vorgeschlagenen Kriterium sogleich einigt, ob es bei der Entscheidung berücksichtigt werden soll oder nicht.

Damit alle wichtigen Kriterien erkannt und bei der Beschlussfassung berücksichtigt werden, ist es hilfreich, die Kriterienwahl zu visualisieren. Das kann in Form eines grafischen Gliederungsbaums oder einer detaillierten Gliederungstabelle geschehen. Die Visualisierung stellt sicher, dass keine Kriterien übersehen werden und sich der Gesprächsleiter im weiteren Entscheidungsverlauf auf die gemeinsame Kriterienvereinbarung berufen kann. Wird auf eine bildhafte Darstellungsform verzichtet, sollten die vereinbarten Kriterien in Worten, aber für alle sichtbar auf einem Flipchart-Bogen festgehalten werden.

Anzahl und Gewichtung der Kriterien

Es empfiehlt sich, zunächst alle denkbaren Entscheidungskriterien kritiklos zu sammeln und erst im zweiten Schritt diejenigen auszusondern, die für die Entscheidungsqualität keine Rolle spielen. Führt man zu viele Kriterien ein, erschwert man sich das weitere Entscheidungsverfahren. Bei den meisten Problemfällen ist die Qualität der verschiedenen Lösungsmöglichkeiten von mehreren Kriterien abhängig, die aber für das Erreichen des Problemlösungsziels unterschiedlich wichtig sein können.

Will man bei einer Entscheidung die Bedeutungsunterschiede der Entscheidungskriterien berücksichtigen, sind diese entsprechend zu gewichten. Dabei ist es üblich, auf die Entscheidungskriterien entsprechend ihrer Wichtigkeit insgesamt 100 Punkte zu verteilen. Die Kriteriengewichtungen können sich auf das Entscheidungsergebnis gravierend auswirken. Ihre Einstufungen hängen aber maßgeblich von den subjektiven Wertvorstellungen der Beteiligten ab, sodass auch hierüber Einvernehmen herzustellen ist. Nur wenn sich die Besprechungsteilnehmer über die Höhe der Gewichtungsfaktoren verständigen, werden alle das spätere Entscheidungsergebnis uneingeschränkt akzeptieren können.

Im Sinne einer einvernehmlichen Entscheidungsfindung und erfolgreichen Umsetzung der Ergebnisse müssen alle entscheidungsrelevanten Kriterien berücksichtigt werden.

3.3 Techniken zur Nutzwert-
   ermittlung

Bei Nutzwertentscheidungen geht es darum, aus den sich bietenden Problemlösungsmöglichkeiten diejenige auszuwählen, die den größten Nutzen erbringen würde, z. B. bei Kaufentscheidungen die Auswahl des besten Produkts.

Häufig geht es auch darum, ein Verteilungsproblem zu lösen: wenn nämlich begrenzte Ressourcen (Finanzen, Personal, Sachmittel) zu verteilen sind und nicht die Wünsche aller Beteiligten erfüllt werden können. Derartige Entscheidungsprozesse sind naturgemäß besonders gefühlsbesetzt. Systematisierende Entscheidungstechniken können diese versachlichen und wesentlich erleichtern.

Bewertung der Alternativenkriterien

Um eine Rangfolge der Lösungsalternativen aufstellen zu können, sind deren Entscheidungskriterien zu bewerten. Allerdings stellt sich dabei ein mathematisches Problem: Meist haben die zu berücksichtigenden Kriterien unterschiedliche Maßeinheiten. So wird beispielsweise der Kaufpreis eines Kraftfahrzeugs in Euro, die Motorleistung in kW und sein Kraftstoffverbrauch in Litern pro 100 km gemessen. Um die Gesamtnutzwerte der einzelnen zur Auswahl stehenden Fahrzeuge berechnen zu können, müsste man demzufolge Äpfel und Birnen addieren!

Man umgeht diese mathematische Hürde, indem man sämtliche Maßeinheiten in die folgende einheitliche Bewertungsskala überführt:

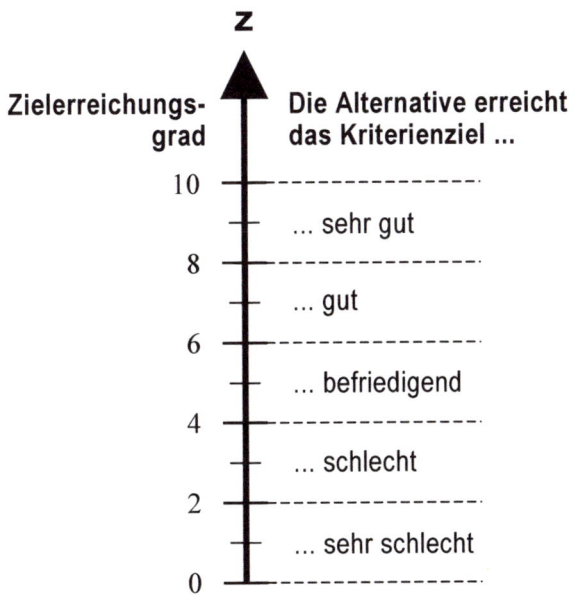

Im Folgenden sind einige der am einfachsten zu praktizierenden Techniken beschrieben.

Die Pro-und-Kontra-Liste

Diese Technik eignet sich besonders gut für Entscheidungssituationen, in denen...

- relativ pauschale Gesamturteile zu fällen sind und
- die Alternativenzahl überschaubar ist.

Der einfachen Handhabung wegen kann man dieses Verfahren leicht auch in ungeübten Gruppen einsetzen. Man zeichnet zunächst am Flipchart oder auf einer Projektionsfolie folgende Tabelle:

	Pro-Argumente	Kontra-Argumente
Alternative 1:		
Alternative 2:		
Alternative 3:		

In der ersten Spalte werden die einzelnen Entscheidungsalternativen stichwortartig beschrieben. Dann befragt der Gesprächsleiter die Teilnehmer zu den einzelnen Alternativen und trägt die Pro- und Kontra-Argumente in die jeweilige Spalte ein.

In kontroversen Gruppendiskussionen löst die Pro-und-Kontra-Liste oft hilfreiche psychologische Effekte aus: In unstrukturierten Diskussionen neigen die Teilnehmer verständlicherweise dazu, bei ihrem eigenen oder einem von ihnen favorisierten Vorschlag nur die Vorteile hervorzuheben und dagegen vorgebrachte Bedenken zu zerstreuen. Durch die Pro-und-Kontra-Liste werden sie jedoch angeregt, beim systematischen Bearbeiten der Tabellenfelder auch die anderen Vorschläge ernsthaft zu prüfen und nach Vorteilen zu suchen. Andererseits werden sie durch die Vorgehensweise ermutigt, mitunter von sich aus auf kritische Punkte ihres eigenen Vorschlags hinzuweisen.

Die Plus-Minus-Bewertung

Die Plus-Minus-Bewertung ist ebenfalls eine wenig zeitaufwendige Technik. Sie liefert aber dennoch für die meisten Praxisfälle eine gute Entscheidungsgrundlage. Der Vereinfachung wegen fließen allerdings sämtliche Kriterien gleichgewichtig in die Nutzwertberechnung ein, was zwangsläufig die Ergebnisqualität einschränkt. In dieser einfachen Form empfiehlt sich die Technik daher immer dann, wenn man bei Problemen mit begrenzter Tragweite zügig, aber zu dennoch gut begründeten und nachvollziehbaren Entscheidungen gelangen will. Als Vorzüge gegenüber präziseren und stärker differenzierenden Entscheidungstechniken sind zu nennen:

- geringe erforderliche Methodenkenntnisse
- leicht verständliche Bewertungen mit Symbolen
- geringer Arbeits- und Zeitaufwand

- gute Nachvollziehbarkeit des Lösungswegs durch Dritte
- universelle Einsetzbarkeit der Methode

Plus-Minus-Bewertung					

Problem: Ausmusterung eines Firmen-Kfz

Zielerreichung:

sehr gut = **+ +**   gut = **+**   befriedigend = **o**
schlecht = **–**   sehr schlecht = **– –**

Entscheidungs-kriterien	Fahrzeug 1	Fahrzeug 2	Fahrzeug 3	Fahrzeug 4	Fahrzeug 5
Alter des Fahrzeugs	**+ +**	**– –**	**+**	**o**	**–**
gefahrene Kilometer	**+**	**–**	**o**	**o**	**– –**
technischer Zustand	**o**	**–**	**+ +**	**o**	**o**
Kraftstoffverbrauch	**o**	**– –**	**+ +**	**–**	**–**
äußerlicher Zustand	**+ +**	**– –**	**+ +**	**–**	**o**
Gesamt-Nutzwerte	+ 5	- 8	**+ 7**	- 2	- 3

Im Tabellenkopf werden die ermittelten Lösungsmöglichkeiten aufgeführt und in der ersten Spalte die Entscheidungskriterien. Für die Kriterienbewertungen ist eine fünfstufige Skala vorgesehen, deren Skalenwerte (Zielerreichungsgrade) durch die Symbole **++** (sehr gut) bis **--** (sehr schlecht) gekennzeichnet sind.

Diese Bewertungsskala kann dazu führen, dass sich rein rechnerisch gleiche Alternativenränge ergeben – insbesondere bei geringen Kriterienzahlen. Handelt es sich dabei um die beiden ersten Ränge, hat man sich zwischen diesen beiden Spitzenreitern zu entscheiden. Dazu können beispielsweise deren bedeutsamste Kriterien miteinander verglichen werden, um zu einer Differenzierung zu gelangen.

Echte Entscheidungen sind stets mit Risiken verbunden:

- *Der Meinungs- und Interessenvielfalt wegen gestalten sich Gruppenentscheidungen oft schwierig. Sie sollten daher systematisch vorbereitet werden.*
- *Um bei Entscheidungsprozessen diejenige Lösungsalternative zu finden, die den höchsten Nutzen im Hinblick auf das Problemlösungsziel verspricht, gibt es eine Reihe von Techniken zur Nutzwertermittlung.*

30 MINUTEN

Welche personellen und logistischen Voraussetzungen sind für eine effiziente Besprechung zu schaffen?

Seite 64

Wie stark und auf welche Weise sollte der Gesprächsleiter den Besprechungsprozess steuern?

Seite 71

Welche Funktionen erfüllt das Besprechungsprotokoll, und wie lässt sich sicherstellen, dass die Ergebnisse umgesetzt werden?

Seite 76

4. Zielbewusste Organisation und Leitung

Der Erfolg einer Besprechung hängt maßgeblich von der Art und Weise ab, wie sie vom Gesprächsleiter gesteuert wird und wie er sich im Umgang mit den Teilnehmern verhält.

Besprechungen dauern oft länger als notwendig oder erbringen keine zufriedenstellenden Ergebnisse, weil sie planlos verlaufen und der Ablauf mitunter durch spontane Eingebungen, unergiebige Selbstdarstellungsbeiträge oder polemische Schaukämpfe bestimmt ist. Schafft der Gesprächsleiter es jedoch, Teilnehmerbeiträge dieser Art weitestgehend zu unterbinden und für einen konstruktiven Ablauf zu sorgen, kann viel wertvolle Zeit gespart und die Ergebnisqualität sowie Teilnehmerzufriedenheit deutlich gesteigert werden.

4.1 Die Besprechungsvorbereitung

Eine sorgfältige Besprechungsvorbereitung kann erheblich zur Effizienz einer Besprechung beitragen. Das gilt sowohl für die inhaltliche Gestaltung als auch für die Rahmenorganisation.

Formulierung der Besprechungsziele

Ehe man ein Projekt in Angriff nimmt oder eine Arbeit beginnt, müssen sich alle Beteiligten darüber klar geworden sein, was erreicht werden soll. Dieser Grundsatz gilt selbstverständlich auch für Besprechungen. Doch ist das in Besprechungen durchaus nicht immer gegeben.

Nicht selten werden Ziele bereits bei der Einladung sorglos formuliert. Wenn beispielsweise ein Tagesordnungspunkt lautet: „Etat für das kommende Rechnungsjahr", versteht möglicherweise mancher, man solle lediglich über die im nächsten Jahr zur Verfügung stehenden Gelder informiert werden, und geht völlig unvorbereitet in die Besprechung. Tatsächlich aber werden vielleicht von den einzelnen Ressorts präzise Angaben über den künftigen Finanzbedarf erwartet, was zuvor sorgsame Recherchen der Teilnehmer erfordert. Der Tagesordnungspunkt hätte dann lauten müssen: „Angaben der einzelnen Ressorts zum Finanzbedarf im kommenden

Rechnungsjahr". Die Formulierung eines Besprechungsziels ist erst dann vollständig, wenn sie die folgenden beiden Komponenten enthält:

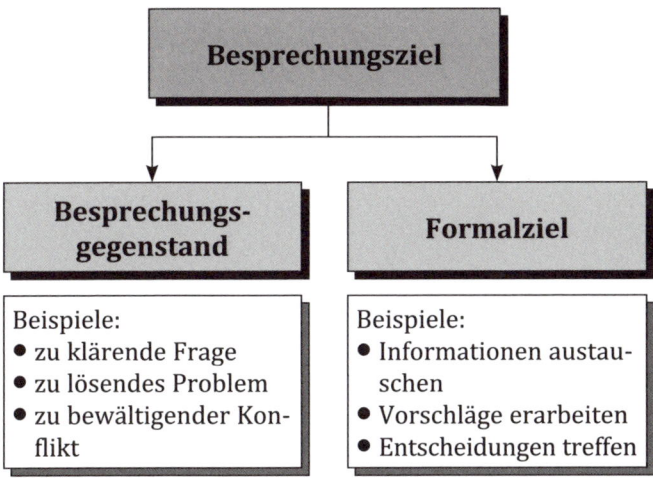

Erst wenn den Besprechungsteilnehmern beide Zielkomponenten mit allen notwendigen Zusatzinformationen rechtzeitig bekannt gegeben wurden, kann von ihnen erwartet werden, dass sie ...
- sich auf die Besprechung optimal vorbereiten,
- nicht vom Thema abweichen und
- durch hilfreiche, zielorientierte Beiträge zum Besprechungserfolg beitragen.

Auswahl der Besprechungsteilnehmer

Wie viele Personen an einer Besprechung teilnehmen sollten, lässt sich nicht allgemeingültig beziffern. Es hängt von der Art und den Zielen der Besprechung ab, welche Personen ...

- etwas zum Thema beitragen sollen oder
- von den Besprechungsergebnissen betroffen sind.

Tatsache ist, dass Besprechungen mit zunehmender Teilnehmerzahl im Allgemeinen zeitaufwendiger und zudem unergiebiger werden. Deshalb sollte man den Kreis so klein wie möglich halten und nur diejenigen einladen, die für das Besprechungsziel tatsächlich bedeutsam sind. Kommt man beim Auflisten der Teilnehmer auf eine Personenzahl über zehn, sollte man noch einmal kritisch überlegen, ob nicht doch auf den einen oder anderen verzichtet werden kann.

Die Wahl des Gesprächsleiters

Der Wahl des Gesprächsleiters ist besondere Beachtung zu schenken. In den meisten Fällen übernimmt diese Funktion ...

- der Gesamtverantwortliche,
- der Einladende,
- der Vorgesetzte oder
- der Fachsachbearbeiter.

Das ist jedoch keinesfalls immer die zweckdienlichste Wahl. Die formale Position in der Organisation oder die Fachkompetenz einer Person bedeutet noch lange nicht, dass sie für das Leiten einer Besprechung besonders geeignet ist. Beispielsweise kann es sein, dass ein Funktionsträger wegen seiner herausgehobenen Stellung oder seines Fachwissens nicht in der Lage ist, die notwendige Neutralität zu wahren. Oder dass er – gewollt oder ungewollt – voreingenommen oder besonders dominant wirkt.

Bei besonders wichtigen oder kritischen Besprechungen kann es daher sinnvoll sein, dass ein Vorgesetzter seine Gesprächsleiterrolle zeitweise an einen Mitarbeiter abgibt.

Benennen des Schriftführers

Eine weitere besondere Aufgabe ist die des Schrift-(Protokoll-)führers. In der Praxis wird hierbei manchmal recht sorglos verfahren. Doch wer ist überhaupt für die Schriftführerfunktion geeignet? Prinzipiell jeder, der einigermaßen zügig schreiben kann. Ansonsten lässt sich am ehesten die Negativfrage beantworten, nämlich wer dazu nicht beauftragt werden sollte: Schriftführer sollte auf keinen Fall jemand sein, der sich in der Besprechung auf anderweitige Aufgaben konzentrieren soll.

Das sind in erster Linie ...

- der Gesprächsleiter, der auf den Besprechungsablauf und die Teilnehmer achten muss, sowie
- Besprechungsteilnehmer, von denen besonders wichtige inhaltliche Beiträge erwartet werden.

Terminvereinbarung, Besprechungsdauer, Pausenregelung

Um zu gewährleisten, dass alle für das Besprechungsthema benötigten Personen tatsächlich teilnehmen können, sollten Besprechungstermine so früh wie möglich abgesprochen werden. Bei längerfristigen Vereinbarungen und besonders bedeutsamen Besprechungen empfiehlt es sich, den Termin durch zusätzliche schriftliche Einladungen abzusichern. Das gilt vor allem,

- wenn es sich um eine besonders wichtige Besprechung handelt,
- schon sehr frühzeitig eingeladen wird,
- eine umfangreiche Tagesordnung vorgesehen ist oder
- die Teilnehmer schriftliche Vorinformationen für ihre Vorbereitung benötigen.

Bei der Terminabsprache sollte auch die voraussichtliche Dauer abgeschätzt und vermerkt werden. Das ermöglicht den Teilnehmern, ihre weiteren Terminplanungen darauf abzustimmen. Außerdem erleichtert es dem Gesprächsleiter, die Teilnehmer während der Besprechung durch Hinweis auf die vereinbarte Dauer zur Zeitdisziplin anzuhalten. Eine vollständige Besprechungseinladung enthält normalerweise folgende Angaben:

- Veranstalter/Einladender
- Kontaktdaten des Einladenden für Rückfragen
- Besprechungstermin und voraussichtliche Dauer
- Besprechungsort und -raum
- Gesprächsleiter und Protokollführer
- Teilnehmernamen und -funktionen
- Thema bzw. Tagesordnung

Längere Besprechungen sollten durch angemessene Pausen unterbrochen werden. Schon eine zehnminütige Pause kann helfen, die nachlassende Aufmerksamkeit und Diskussionsfreudigkeit wieder anzuregen. Durch Unkonzentriertheit der Teilnehmer wird mehr Besprechungszeit vertan, als einige kurze Erholungspausen benötigen würden. Außerdem kann eine Besprechungspause dazu beitragen, dass sich die Teilnehmer nach einer erhitzten Debatte wieder abkühlen oder ihre persönlichen Fehden im Pausengespräch beilegen.

Räumlichkeiten und Sitzordnungen

Auch sind optimale räumliche Bedingungen anzustreben. Alles, was das Wohlbefinden der Teilnehmer beeinträchtigt, kann sich auf deren Besprechungsverhalten und damit auf die Besprechungsergebnisse negativ auswirken.

Dazu gehört u. a. auch eine zweckmäßige Sitzordnung. Die Gesprächsatmosphäre wird stark geprägt durch räumliche Nähe und Blickkontakt der Teilnehmer. Den jeweiligen Besprechungscharakter berücksichtigend, ist die in dieser Hinsicht günstigste Sitzordnung vorzusehen. Kann der Gesprächsleiter auf die Platzierung der Teilnehmer Einfluss nehmen (zum Beispiel durch aufgestellte Namensschilder), sollte er beispielsweise dafür sorgen, dass ...

- Experten und Entscheider frontal im seinem Blickfeld sitzen, damit er deren Wortmeldungen und nonverbale Reaktionen nicht übersieht,
- besonders gesprächige oder vertraute Teilnehmer nicht nebeneinandersitzen, da sie erfahrungsgemäß zu störenden Nebengesprächen mit dem Nachbarn neigen.

Eine gute Vorbereitung bestimmt maßgeblich den Erfolg der Besprechung. Legen Sie die Besprechungsziele eindeutig fest, sorgen Sie für eine klare Agenda und eine passende Besprechungsatmosphäre. Teilen Sie die nötigen Vorab-Informationen allen Besprechungsteilnehmern in der Einladung mit.

4.2 Effiziente Gesprächssteuerung

Besprechungen dauern oft länger als notwendig oder erbringen keine zufriedenstellenden Ergebnisse, weil sie planlos verlaufen. Statt in folgerichtigen Schritten vorzugehen, ist der Ablauf mitunter durch spontane Eingebungen, unergiebige Selbstdarstellungsbeiträge oder polemische Schaukämpfe bestimmt. Schafft der Gesprächsleiter es jedoch, Teilnehmerbeiträge dieser Art weitgehend zu unterbinden und für einen konstruktiven Ablauf zu sorgen, kann viel wertvolle Zeit gespart und können die Ergebnisqualität sowie die Teilnehmerzufriedenheit deutlich gesteigert werden. Der nachstehende Leitfaden kann dem Gesprächsleiter seine schwierige Aufgabe erheblich erleichtern. Schafft er es, sich bei seiner Besprechungssteuerung konsequent an dieses Phasenmodell zu halten, hat er gute Chancen, auch Besprechungen, die wegen ihres Themas oder der Teilnehmerzusammensetzung problematisch sind, ohne zeitraubende Umwege zu einem bestmöglichen Ergebnis zu führen. (Ist keine Entscheidung zu treffen, entfallen bei diesem Schema die Phasen „Entscheidungsvorbereitung" und „Entscheidung".)
Es ist vor allem darauf zu achten, dass noch nicht bewertend und damit emotionalisierend diskutiert wird, ehe alle Teilnehmer ausreichend Gelegenheit hatten, ihre Standpunkte oder Anliegen vorzubringen.

1. Vorbereitung	Thema Teilnehmer Termin Logistik
2. Eröffnung	Eingangskontakt Besprechungsanlass Besprechungsziele Vorgehensweise
3. Standpunkte	Informationen Meinungen Ideen Fragen
4. Diskussion	Ordnen Begründen Bedenken Lösungsansätze
5. Entscheidungs- vorbereitung	Kriterienwahl Gewichtungen Bewertungen Alternativenrangfolge
6. Entscheidung	Alternativenauswahl Maßnahmenplan Kontrollverfahren Protokollierung
7. Abschluss	Zusammenfassung Folgerungen Ausblick Ausgangskontakt

Situationsgerechte Lenkung

Meist führen nicht die Sachbeiträge zu überlangen Besprechungen, sondern kosten unergiebige Aussagen, persönliche Angriffe oder ein konfuses Vorgehen unnötig Zeit. Um dem entgegenzuwirken, bedarf es der zielstrebigen Lenkung durch den Gesprächsleiter. Eine starke Lenkung ist angebracht, wenn sich Teilnehmer ausgesprochen passiv oder sogar störend verhalten. Hingegen ist eine schwache Lenkung zweckdienlich, wenn eine größtmögliche Unbefangenheit und Meinungsvielfalt der Teilnehmer erwünscht sind. Für eine Differenzierung der Besprechungslenkung stehen folgende drei Grundmodelle zur Verfügung:

1. **Starke Lenkung:**
   Der Gesprächsleiter fordert die Teilnehmer einzeln auf, zu einer Frage oder Feststellung direkt Stellung zu nehmen und nimmt ihre Antworten zur Kenntnis.

2. **Mittelstarke Lenkung:**
   Der Gesprächsleiter richtet eine Frage oder Problemdarstellung an die gesamte Gruppe und nimmt die eingebrachten Teilnehmerbeiträge entgegen.

3. **Starke Lenkung:**
   Der Leiter stellt den Teilnehmern die Problemsituation vor und fordert sie auf, sich gemeinsam auf eine Lösung zu verständigen. Er beschränkt sich auf seine ordnenden Aufgaben und nimmt lediglich die Diskussionsergebnisse entgegen.

Win-win-Strategie bei Verteilungs-
konflikten

Für die spätere Realisierung der Beschlüsse und die weitere Zusammenarbeit der Teilnehmer ist wichtig, dass eine größtmögliche Zufriedenheit mit dem Besprechungsablauf und den Ergebnissen erreicht wird. Es gibt jedoch häufig Besprechungskonstellationen, bei denen es in der Natur der Situation liegt, dass bei Weitem nicht alle Teilnehmer in der Sache zufriedengestellt werden können. Typischerweise sind das Verteilungskonflikte, bei denen es weniger zu verteilen gibt, als Wünsche vorhanden sind.

Ziel der sogenannten „Win-win-Strategie" ist, dass alles unternommen wird, um dennoch weitgehende Zufriedenheit herzustellen. Der oberste Grundsatz lautet: Jedem wird ein akzeptabler Nutzen geboten.

Auch emotionalen Nutzen ermöglichen

Kann einem Teilnehmer in der Sachfrage nicht der gewünschte Nutzen ermöglicht werden, gibt es meist Chancen, ihm immerhin auf der Gefühlsebene etwas zu bieten. Denn jeder Teilnehmer hat auch emotionale Grundbedürfnisse, die ihm wichtig sind. Hier einige typische Beispiele:

Um dem Bedürfnis eines Teilnehmers zu entsprechen, ...	... kann man als Gesprächsleiter beispielsweise ...
... Interesse an seiner Persönlichkeit und Situation zu wecken,	... bei aller Sachbezogenheit auch persönliche Fragen stellen.
... als wertvoller Partner betrachtet zu werden,	... Gemeinsamkeiten ansprechen und seine Unverzichtbarkeit für die Problemlösung anmerken.
... hinsichtlich seiner Bildung und fachlichen Kompetenz anerkannt zu werden,	... ihn nach seiner fachlichen Meinung fragen, Vorschläge erbitten und fachliche Streitgespräche meiden.
... Verständnis für seine Wünsche und Probleme zu finden,	... aufmerksam zuhören, Verständnis für seine Belange und Situation zeigen, Hilfen anbieten.
... hinsichtlich seiner Ideen und Vorschläge ernst genommen zu werden,	... ihn ausreden lassen, seine Anregungen wiederholen, Details erfragen und sich Notizen machen.
... ehrlich, vertrauensvoll und fair behandelt zu werden,	... die Eigeninteressen offen bekennen, Risikobereitschaft zeigen, auch eigene Schwachpunkte eingestehen.

Einfühlsame und wertschätzende Bemerkungen sind die kleinen kostenlosen Geschenke, mit denen ein Gesprächsleiter die Teilnehmer zur Verständigungsbereitschaft bewegen kann. Nicht selten hinterlässt ein

Gewinn auf der Gefühlsebene eine stärkere Wirkung als das eigentliche Sachergebnis der Besprechung.

 Um bestmögliche Sachergebnisse zu erzielen, sind die Besprechungsteilnehmer systematisch auf das Besprechungsziel hinzulenken. Nicht minder wichtig für den Besprechungserfolg ist aber, durch die Art der Gesprächslenkung eine größtmögliche Zufriedenheit der Teilnehmer mit dem Besprechungsablauf zu erreichen.

4.3 Protokollierung und Maßnahmenkatalog

Eine noch so erfolgreich durchgeführte Besprechung erfüllt ihren Zweck nicht, wenn die Maßnahmen zur Realisierung der erzielten Ergebnisse später ausbleiben. Ein zweckdienlich gestaltetes Protokoll macht es sicherer, dass über ein Problem nicht nur gesprochen wird, sondern daraus auch die richtigen Konsequenzen gezogen werden.

Wird auf ein Protokoll verzichtet, kommt es oft zu Meinungsverschiedenheiten und Schuldzuweisungen, bei denen es sich nicht mehr einwandfrei rekonstruieren lässt, was tatsächlich abgesprochen wurde. Die aufgewendete kostbare Besprechungszeit zahlt sich dann nur deshalb nicht aus, weil man sich den relativ geringen Aufwand für ein Protokoll erspart hatte. Von den Auswirkungen der Umsetzungsversäumnisse ganz zu schweigen. Dagegen kann ein sinnvoll erstelltes Besprechungsprotokoll gleich mehrere Zwecke erfüllen. Das Protokoll fungiert als:

- Steuerungsinstrument für den Gesprächsleiter
- Gedächtnisstütze für die Teilnehmer
- Information für Außenstehende
- Arbeitsunterlage für die Realisierungsmaßnahmen
- Kontrollinstrument für den Verantwortungsträger
- Beweismittel bei späteren Auffassungsunterschieden

Nützliche Protokollformulare

Ein Formular kann die Arbeit wesentlich erleichtern und die Bereitschaft zum Verfassen eines Protokolls unter den Teilnehmern erhöhen. Zwar gibt es dafür keine Norm, jedoch haben viele Unternehmen selbst entworfene Formulare einheitlich eingeführt. Das erleichtert nicht nur das Schreiben der Protokolle, sondern auch das Lesen. Bestimmte Beschlüsse und Informationen lassen sich schneller auffinden und das Protokoll lässt sich als Arbeitsunterlage besser handhaben. Außerdem nimmt ein Formular die Scheu davor, wirklich kurz und bündig, möglichst sogar nur stichwortartig zu formulieren.

Das Protokollformular sollte folgende Textfelder enthalten:
– Stichwort zum Besprechungsanlass (z. B. Projektbezeichnung)
– Veranstalter/Einladender
– Kontaktdaten des Veranstalters/Einladenden
– Besprechungsdatum und -uhrzeit
– Besprechungsort/-raum
– Gesprächsleiter/-in
– Protokollführer/-in
– Protokollführer-Unterschrift
– Teilnehmernamen
– Teilnehmerfirma/-tätigkeitsbereich
– Thema/Tagesordnung
– Besprechungsergebnisse
– Erledigungsvermerke (was, wer, bis wann)

Das Protokoll als Steuerungsinstrument

Manchmal werden Protokolle erst nach der Besprechung aus dem Gedächtnis entworfen, weil versäumt wurde, die Protokollfrage vor der Besprechung zu klären. Auf diese Art gefertigte Protokolle weisen meist Lücken oder Missverständnisse auf, da die Inhalte nicht mit den Teilnehmern abgestimmt wurden. Anschließende Meinungsverschiedenheiten und Nachbesserungsaktionen sind dann nicht selten die Folge.

Eines der wichtigen Qualitätsmerkmale eines Protokolls ist, dass alle Teilnehmer ihre Zustimmung zu den Inhalten gegeben haben. Vielfach wird daher empfohlen, dass der Gesprächsleiter am Schluss die Besprechungsergebnisse für das Protokoll formuliert bzw. die Protokollnotizen vom Schriftführer vorlesen lässt und dazu noch vor Ort das Einverständnis der Teilnehmer einholt. Die Praxis sieht jedoch häufig so aus, dass gegen Ende der Besprechung die Zeit ohnehin knapp geworden ist oder die geplante Dauer sogar überzogen wurde und man notgedrungen auf die Protokollverabschiedung verzichtet.

Durch die nachstehend beschriebene Vorgehensweise lassen sich nicht nur die oben geschilderten Probleme vermeiden, sondern wird das Protokoll für den Gesprächsleiter zudem noch zu einem hilfreichen Steuerungsinstrument. Folgendermaßen ist dabei zu verfahren:

1. Immer wenn der Gesprächsleiter meint, es sei etwas Wesentliches erarbeitet worden, unterbricht er kurz die Diskussion und fragt, ob der Punkt ins Protokoll aufgenommen werden soll.
2. Wird das bejaht, diktiert er den Protokolltext (möglichst kurz und knapp) dem Schriftführer oder spricht ihn in ein Diktiergerät.
3. Danach fragt er die Teilnehmer, ob alle mit der Formulierung einverstanden sind.

4. Erhebt jemand Einspruch, verständigt man sich auf eine entsprechende Textänderung.
5. Erst dann lässt der Gesprächsleiter die Teilnehmer mit der Besprechung fortfahren.

Durch diese Protokollierungsmethode wird die Besprechungseffizienz auf mehrfache Weise gesteigert:

- Jeder Teilnehmer kann unmittelbar auf die Protokollformulierungen Einfluss nehmen.
- Wurde ein Besprechungspunkt ins Protokoll aufgenommen, gilt er als endgültig abgeschlossen und darf nicht ohne triftigen Grund erneut diskutiert werden.
- Die deutlich herausgestellte Erledigung eines Punkts macht automatisch die noch offenen Fragen bewusst und lenkt die Teilnehmer auf den nächsten Besprechungsschritt.
- Durch das Diktieren der Protokollinhalte kann jeder beliebige Teilnehmer die Schriftführung übernehmen. (Durch die Unterbrechungen kann er sich dennoch uneingeschränkt an der weiteren Diskussion beteiligen.)
- Benutzt der Gesprächsleiter ein Diktiergerät, kann die Schriftführeraufgabe sogar gänzlich entfallen.

Häufig wird gegen die geschilderte Vorgehensweise vorgebracht, man habe nicht die Zeit, die Diskussion immer wieder wegen des Protokolls zu unterbrechen. Tatsache ist, dass das Formulieren eines Protokollpunkts selten mehr als eine Minute benötigt und der Zeitaufwand somit für die gesamte Besprechungsdauer unerheblich ist.

Die Ergebnisliste

Eine besonders übersichtliche und zeitsparende Protokollform ist die „Ergebnisliste". Diese Variante eignet sich besonders gut für turnusmäßige Besprechungen ständiger Gremien (zum Beispiel Arbeitsgruppen, Planungsteams). Die Besonderheit gegenüber der klassischen Form ist, dass die Protokolle sozusagen „fortgeschrieben" werden. Sowohl die Protokolle als auch die einzelnen Ergebnisse werden fortlaufend nummeriert. Wobei die Ergebnisse über alle Protokolle hinweg von eins bis unendlich durchnummeriert werden – ähnlich der Paragrafen-Nummerierung in Gesetzestexten. Das vereinfacht Bezugnahmen auf bestimmte Inhalte und erleichtert das Auffinden. Zur besseren Orientierung können die Ergebnisnummern außerdem durch Buchstaben ergänzt werden, um die Ergebnisart zu kennzeichnen. Das nachstehend abgebildete Muster enthält links unten die entsprechende Legende. Zusätzlich sind im Formular besondere Spalten für die Ergebnisbearbeitung und Erledigungskontrolle vorgesehen.

Ergebnisliste zur Besprechung

Anlass/Projektart:	Projekt Nr.:	Sitzung/Liste Nr.
Sitzungsthema:	Projekt-/Sitzungsleitung:	Datum:

Ergebnis Nr./Art	Betroffene	Stichwort	Besprechungsergebnisse (stichwortartig)	erledigen am/bis	erledigt am

Verteiler/Umlauf:

Unterschrift Protokollführer/-in:

Legende der Ergebnisarten

A = Arbeitsauftrag
B = Beschluss
F = Frage
I = Information

Die Ergebnisliste ist sowohl für das Erstellen als auch für die spätere Nutzung die zeitsparendste und wirkungsvollste Protokollform.

Maßnahmenkatalog zur Ergebnisumsetzung

Das beste Besprechungsergebnis ist nutzlos, wenn es nicht zu konkreten Maßnahmen führt und deren Erledigung sichergestellt wird. Leider ist das nicht immer der Fall. Die Gründe hierfür können sein:

- Das Besprechungsergebnis war nicht allen Teilnehmern gleichermaßen klar, da es weder am Schluss unmissverständlich und einvernehmlich formuliert noch in einem Protokoll festgehalten wurde.
- Wegen kontroverser Meinungen blieben am Ende der Debatte einige Durchführungsfragen ungeklärt oder strittig.
- Manche Teilnehmer waren mit dem Ergebnis unzufrieden und sind daher nicht bereit, sich für die Realisierung einzusetzen – oder sabotieren sie sogar!

Dem kann durch einen Maßnahmenkatalog entgegengewirkt werden. Die aufgrund der Beschlüsse vorzusehenden Maßnahmen werden hierbei am Schluss oder unmittelbar nach der Besprechung in einem Katalog aufgelistet und es wird darin angegeben,

- **welche** Maßnahmen von **wem** bis **wann** zu **erledigen** sind,

- **wer** die Maßnahmen **kontrolliert** und
- **wer** für das Gesamtvorhaben **verantwortlich** ist.

Nicht selten leiden der effiziente Ablauf und die Ergebnisqualität einer Besprechung unter banalen organisatorischen Mängeln. Daher sollten der Vor- und Nachbereitung sowie der Gesprächsleitung die nötige Aufmerksamkeit geschenkt werden.

- *Eine sorgfältige inhaltliche, personelle und logistische Vorbereitung kann wichtige Weichen stellen.*
- *Im Interesse dieser Zielstrebigkeit sollte der Gesprächsleiter für einen systematischen und folgerichtigen Besprechungsablauf sorgen.*
- *Ein zweckdienlich aufgenommenes Protokoll kann dem Gesprächsleiter während der Besprechung als Steuerungsinstrument dienen und den Teilnehmern später eine nützliche Arbeitshilfe sein.*
- *Bei wichtigen oder komplexen Besprechungsergebnissen kann ein zusätzlicher Maßnahmenkatalog dazu beitragen, dass die Beschlüsse später vereinbarungsgemäß verwirklicht werden.*

Die Sieben Erfolgsregeln der Gesprächsleitung

1. Sich sorgfältig vorbereiten

Sind bei einer Besprechung sehr kontroverse Teilnehmerinteressen zu erwarten, sollten Sie sich als Gesprächsleiter besonders gut vorbereiten. Versorgen Sie sich mit hilfreichem Informationsmaterial sowie geeignetem technischem Zubehör.

2. Positives Gesprächsklima schaffen

Durch die Art Ihrer Eröffnung können Sie maßgeblich dazu beitragen, dass sich ein konstruktives Gesprächsklima entwickelt. Sie können …

– die Teilnehmer freundlich begrüßen und erforderlichenfalls miteinander bekannt machen,
– positive Einführungsworte wählen,
– an Fairness und Gesprächsdisziplin erinnern,
– den Nutzen für die Beteiligten verdeutlichen.

3. Ziele und Verfahrensregeln festlegen

Für einen reibungslosen Besprechungsablauf ist es unerlässlich, dass Sie von Beginn an für Klarheit sorgen, indem Sie …

– die Tagesordnung und Ziele benennen,
– den Besprechungsablauf erläutern,
– die Entscheidungskompetenz klarstellen,

– das Entscheidungsverfahren regeln,
– die Diskussionsregeln in Erinnerung bringen,
– den Zeitrahmen abstecken, Pausen vereinbaren.

4. Problem transparent machen

Stellen Sie eingangs den Teilnehmern die Problemsituation mit allen Auswirkungen und lösungsrelevanten Details vor. Entscheidungen zu komplexen Problemen fallen leichter, wenn man sie zuvor in überschaubare Teilprobleme zerlegt. Dabei ist es psychologisch günstig, zunächst das unstrittigste Teilproblem diskutieren zu lassen. Ein frühzeitiges gemeinsames Erfolgserlebnis wirkt sich positiv auf das Klima des weiteren Besprechungsablaufs aus.

5. Keine voreilige Kritik zulassen

Zunächst sollten Sie allen Teilnehmern Gelegenheit geben, ihre Ideen und Vorschläge vorzutragen, ehe darüber diskutiert und somit meist auch kritisiert wird. Andernfalls sind Teilnehmer schon frühzeitig enttäuscht oder befürchten, ihre eigenen Ideen nicht mehr rechtzeitig einbringen zu können. Sie werden sich dann schon deswegen den Meinungen und Vorschlägen anderer verschließen.

6. Erst Maßstäbe setzen – dann entscheiden

Besonders wichtig ist es, sich erst auf die Entscheidungskriterien und Bewertungsmaßstäbe zu einigen, ehe man die verschiedenen Lösungsmöglichkeiten beurteilt. Danach werden die Alternativen schrittweise an den aufgestellten Kriterien gemessen. Im Interesse der Transparenz des Entscheidungsprozesses und der Akzeptanz durch die Teilnehmer sollten Sie bei komplexeren Sachverhalten den Bewertungsablauf visualisieren. Dazu gehört das schriftliche Festhalten ...

– aller eingebrachten Lösungsalternativen,
– der vereinbarten Entscheidungskriterien und
– der schließlich ermittelten Alternativenrangfolge.

7. Auf Zeitdisziplin achten

Beginnen Sie pünktlich, auch wenn sich einige Teilnehmer verspäten sollten – es sei denn, es handelt sich um Teilnehmer, deren Anwesenheit unverzichtbar ist. Behalten Sie auch die vorgesehene Dauer im Auge. Möglicherweise haben einige Teilnehmer im Anschluss noch andere Termine wahrzunehmen. Legen Sie spätestens nach zwei Stunden eine Pause ein. Unkonzentriertheit durch Ermüdung kostet mehr Zeit als eine angemessene Erholungspause. Abgesehen davon, dass bei einer festgefahrenen erhitzten Diskussion eine Abkühlungsphase den Prozess wieder in Gang bringen kann. Die vereinbarten Pausenzeiten sollten aber nicht überzogen werden.

Fast Reader

1. Die Effizienz von Besprechungen

Letztlich entscheidet die Ergebnisqualität darüber, ob der Aufwand für eine Besprechung wirklich gerechtfertigt war.

Je nach Besprechungsanlass werden verschiedene Besprechungsarten unterschieden. Wenngleich alle dieselbe zielorientierte Grundstruktur aufweisen sollten, sind einige Besonderheiten – vor allem psychologischer Art – zu beachten. Auch sollte hinsichtlich der Besprechungshäufigkeit zweckbezogen differenziert werden.

Der durch ein aggressives Besprechungsklima angerichtete langfristige Schaden für die Zusammenarbeit ist manchmal größer als der durch ein optimales Sachergebnis erzielte Nutzen. Doch selbst wenn eine Besprechung in der Sache zu keiner Lösung geführt hat, kann sie einen Nutzen erbracht haben.

Um eine optimale Effizienz von Besprechungen zu erzielen, sind mehrere Aspekte zu beachten:

30

- **Besprechungen sind ein betrieblicher Kostenfaktor, bei dem durch die Art der Vor- und Nachbereitung sowie der Abwicklung ein erhebliches Rationalisierungspotenzial besteht.**
- **Zunächst ist zu überlegen, ob eine Besprechung nötig ist oder ob eine andere Art des Informationsaustauschs weniger zeit- und kostenaufwendig zum Ziel führen könnte.**
- **Je nach Besprechungsziel bieten sich unterschiedliche Besprechungsarten und -formen an.**
- **Bei problemorientierten Besprechungen handelt es sich um Konfliktsituationen. Eine systematische Besprechungsstruktur hilft dem Gesprächsleiter, derartige Prozesse dennoch zielstrebig ablaufen zu lassen. Dabei sind nicht nur die Sachergebnisse ein Erfolgskriterium, sondern muss auch eine größtmögliche Teilnehmerzufriedenheit erreicht werden, damit die Besprechungsergebnisse später tatsächlich umgesetzt werden.**

2. Entwickeln von Problemlösungsideen

Es gibt eine Reihe bewährter Kreativitätstechniken, mit deren Hilfe sich die Ideenvielfalt in Problemlösungsbesprechungen steigern lässt. Denkblockaden werden meist durch stressbedingte hormonelle Vorgänge ausgelöst. Ziel einiger Kreativitätstechniken ist daher, stressauslösende Einflüsse bei Ideenfindungsprozessen zu vermeiden bzw. abzubauen.

Oft führt ein konfuses Vorgehen dazu, dass es in Besprechungen nicht zu den bestmöglichen Vorschlägen zur Problemlösung kommt. Durch den Einsatz geeigneter Techniken und Instrumente lassen sich Ideenfindungsprozesse systematisieren und somit die Qualität ihrer Ergebnisse optimieren.

30 **Problemlösungen in Gruppen können sich wegen schwieriger Sachfragen, aber auch aufgrund negativer Emotionen, unsystematischen Vorgehens oder passiven Teilnehmerverhaltens schwierig gestalten. Kreativitätstechniken können maßgeblich dazu beitragen, derartige Handicaps zu überwinden.**

3. Wege zu optimalen Entscheidungen

Je mehr Personen an der Entscheidungsfindung beteiligt sind, desto vielfältiger werden die Teilnehmerbelange und damit die Lösungsvorschläge und Entscheidungskriterien. Gelingt es nicht, eine breite Akzeptanz für die Beschlüsse zu erzielen, wird selbst ein in der Sache optimales Ergebnis später möglicherweise nicht – oder nur mit ungenügendem Engagement – realisiert.

Im Sinne einer einvernehmlichen Entscheidungsfindung und erfolgreichen Umsetzung der Ergebnisse müssen alle entscheidungsrelevanten Kriterien berücksichtigt werden.

Echte Entscheidungen sind stets mit Risiken verbunden:

- **Der Meinungs- und Interessenvielfalt wegen gestalten sich Gruppenentscheidungen oft schwierig. Sie sollten daher systematisch vorbereitet werden.**
- **Um bei Entscheidungsprozessen diejenige Lösungsalternative zu finden, die den höchsten Nutzen im Hinblick auf das Problemlösungsziel verspricht, gibt es eine Reihe von Techniken zur Nutzwertermittlung.**

4. Zielbewusste Organisation und Leitung

Eine gute Vorbereitung bestimmt maßgeblich den Erfolg der Besprechung. Legen Sie die Besprechungsziele eindeutig fest, sorgen Sie für eine klare Agenda und eine passende Besprechungsatmosphäre. Teilen Sie die nötigen Vorab-Informationen allen Besprechungsteilnehmern in der Einladung mit.

Um bestmögliche Sachergebnisse zu erzielen, sind die Besprechungsteilnehmer systematisch auf das Besprechungsziel hinzulenken. Nicht minder wichtig für den Besprechungserfolg ist aber, durch die Art der Gesprächslenkung eine größtmögliche Zufriedenheit der Teilnehmer mit dem Besprechungsablauf zu erreichen.

30

Nicht selten leiden der effiziente Ablauf und die Ergebnisqualität einer Besprechung unter banalen organisatorischen Mängeln. Daher sollten der Vor- und Nachbereitung sowie der Gesprächsleitung die nötige Aufmerksamkeit geschenkt werden.

● **Eine sorgfältige inhaltliche, personelle und logistische Vorbereitung kann wichtige Weichen stellen.**

- *Im Interesse dieser Zielstrebigkeit sollte der Gesprächsleiter für einen systematischen und folgerichtigen Besprechungsablauf sorgen.*
- *Ein zweckdienlich aufgenommenes Protokoll kann dem Gesprächsleiter während der Besprechung als Steuerungsinstrument dienen und den Teilnehmern später eine nützliche Arbeitshilfe sein.*
- *Bei wichtigen oder komplexen Besprechungsergebnissen kann ein zusätzlicher Maßnahmenkatalog dazu beitragen, dass die Beschlüsse später vereinbarungsgemäß verwirklicht werden.*

Weiterführende Literatur

- Bischof, A., Bischof, K.: Besprechungen effektiv und effizient, Haufe Verlag, Planegg, 2010

- Fischer, F.: Meetings effizient leiten, Redline Wirtschaft, München, 2008

- Hartmann, M., Röpnack, R., Baumann, H.: Immer diese Meetings, Beltz Verlag, Weinheim, 2002

- Kießling-Sonntag, J.: Besprechungs-Management, Cornelsen Verlag, Berlin, 2005

- Laufer, H.: Entscheidungsfindung, Cornelsen Verlag, Berlin, 2008

- Laufer, H.: Sprint-Meetings statt Marathon-Sitzungen, GABAL Verlag, Offenbach, 2009

- Meier, K.: Kreativität in Meeting und Team, BusinessVillage Verlag, Göttingen, 2004

- Schilling, G.: Moderation von Gruppen, Gert Schilling Verlag, Berlin, 2003

- Seifert, J. W.: Besprechungen erfolgreich moderieren, GABAL Verlag, Offenbach, 2008

- Seifert, J. W.: Visualisieren, Präsentieren, Moderieren, GABAL Verlag, Offenbach, 2009

- Wieke, T.: Erfolgreiche Meetings, Eichborn AG, Frankfurt am Main, 2005

Der Autor

Hartmut Laufer leitet das MENSOR Institut für Managemententwicklung in Berlin (www.mensor.de). Außerdem ist er als Führungskräftetrainer und Fachhochschuldozent tätig. Mehr als zwei Jahrzehnte eigener Erfahrung als Führungskraft boten ihm reichlich Gelegenheit, die Managementtheorien mit der Praxis zu vergleichen, um daraus sowohl praxisgerechte Erkenntnisse zu gewinnen als auch eigene theoretische Ansätze zu entwickeln.

Kontakt:
MENSOR Institut für Managemententwicklung und
systemische Organisationsberatung GmbH
Postfach 30 36 30
10727 Berlin
Tel.: (0 30) 2 62 96 40
Fax: (0 30) 2 62 59 77
E-Mail: institut@mensor.de
www.mensor.de

Register